これからはじめる
3種冷凍

橋本 幸博 著

電気書院

はじめに

　高圧ガスを製造する事業所における災害の発生を予防するため，それらの保安に携わる資格として高圧ガス製造保安責任者の資格があります．その中で第3種冷凍機械責任者試験は，その登竜門とされる資格で，受験者数は1万人を超す人気です．

　その合格率は，全科目受験者で50％ほどで，それほど難しい資格には思えませんが，あまり身近でない冷凍装置を扱う試験であるため，専門的な考え方や用語が多く，初めて受験しようとする方は，万全の準備で臨まなければ，合格までの道のりは決して短いものではありません．

　本書の特長は，次のとおりです．

①初めての受験者にも理解できるように，熱や冷凍装置に関する用語の説明や装置の基礎などの初歩的なところからわかりやすく解説しています．

②実際の問題に慣れるため，各Sectionに例題を掲載しています．

③試験に合格することを第1目標にし，必要なところのみを重点的に解説しています．

④Partごとに，実際の試験レベルであるチャレンジ問題を収録してありますので，理解度を測ることができます．

　本書により，一通りの学習を終了された方は『第3種冷凍機械責任者試験模範解答集』（電気書院）にて，過去8年間の試験問題を実際に解いていただき，総仕上げをされることをお勧めします．

　本書を有効にご活用いただき，第3種冷凍機械責任者試験合格の栄冠をてにされることを心よりお祈りいたします．

第3種冷凍機械責任者試験
受験ガイド

■ 第3種冷凍機械責任者とは

　主に小型冷凍空調機器を備えている施設，冷凍倉庫，冷凍冷蔵工場等において，製造（冷凍）に係る保安の実務を含む統括的な業務を行う人に必要な資格で，1日の冷凍能力が100トン未満の製造施設に関する保安に携わることができます．

　この免状の交付を受けた人は，定められた経験を有している場合に限り，事業所の保安統括者等に選任されて，定められた範囲の職務を行うことができます．

■ 第3種冷凍機械責任者試験とは

　第3種冷凍機械責任者となるためには，都道府県知事の行う第3種冷凍機械責任者試験に合格した上で，都道府県知事に対して第3種冷凍機械責任者試験免状の交付申請をし，免状の交付を受けなければなりません．

　なお，試験の実施は，各都道府県知事から委譲を受け「高圧ガス保安協会試験センター」が年1回行っています．

受験資格　年齢，学歴，経験に関係なくだれでも受験できます．

受験に関する問い合わせ　内容などが不明な点は，高圧ガス試験センター（TEL. 03 – 3436 – 6106）へ問い合わせれば，教えてもらえます．

■ 試験の方法

試験科目・内容・形式　次表のようになっています．

科目	法令	保安管理技術
内容	高圧ガス保安法に係る法令	冷凍のための高圧ガス製造に必要な初歩的な保安管理の技術
形式	択一式	択一式

合格の基準　各科目とも満点の60％が合格基準点になっています．つまり法令では20問中12問，保安管理技術では15問中9問以上正解していると合格になります．また，どちらかの科目が合格点に到達しなかった場合は不合格になります．

■ 受験の手続き

受験願書　第3種冷凍機械責任者試験の受験願書は,「高圧ガス製造保安責任者試験・高圧ガス販売主任者試験　書面受付用受験案内」として,7月中旬から高圧ガス保安協会試験センターおよび都道府県試験事務所等で配布されます.また,平成17年度より高圧ガス保安協会のホームページ (http://www.khk.or.jp) からの申請も可能になりました.

受験手数料　9,400円（平成17年度）

受験手数料の納付　書面受付の場合,願書受付期間中に受験案内に添付されている「銀行振込」または「郵便局払込」用紙を使用して納付します.そして,納付の際に発行される「受付証明書」を願書の添付欄に貼り付けます.インターネット受付の際は,受付の際に表示された方法にて納付します.

受験願書の受付　書面の場合,受験願書に必要な事項をもれなく記入し,受験を希望する担当事務所に郵送または直接持参の方法により提出します.願書の受付期間は例年8月下旬〜9月上旬の2週間ほどです.

■ 試験科目の一部免除

第3種冷凍機械講習の講習修了証を持っている人は,保安管理技術の科目が免除となり,法令のみの受験となります.昭和51年2月22日〜平成7年3月31日の製造第九講習の講習修了証,また昭和51年2月21日以前の製造第八講習の講習修了証でも可能です.受験願書に講習修了証のコピーを張付し,「試験の免除申請の有無」の保安管理技術免除の欄を○印で囲います.

■ 試験日時,試験地

試験日　例年11月第2日曜日ごろです.

試験時間　法令は9時30分〜10時30分（60分）,保安管理技術は11時00分〜12時30分（90分）です.

試験地　次ページからの表にある47都道府県・60会場で実施され,この中より希望する試験地を管轄する試験事務所に願書を送付します.なお,申込受付後の試験地の変更は,急な転勤などの場合に限られ,基本的にはできません.

■ 合格発表

書面による通知　翌年の1月上旬に書面により合否の結果にかかわらず通知されます.

インターネットへの掲載　翌年の1月上旬の試験結果通知の発送日に,高圧ガス保安協会のホームページで合格者の受験番号が掲載されます.

■ 試験地・受験願書の提出先

試験地	会場	担当試験事務所	電話番号	〒	所在地
北海道	札幌市 函館市 室蘭市 旭川市 釧路市	高圧ガス保安協会 北海道支部	011-272-5220	060-0005	札幌市中央区北5条西5-2-12 住友生命札幌ビル
青森県	青森市	青森県試験事務所	017-775-2731	030-0802	青森市本町2-4-10 田沼ビル ㈳青森県エルピーガス協会内
岩手県	滝沢村	岩手県試験事務所	019-623-6471	020-0015	盛岡市本町通1-17-13 ㈳岩手県高圧ガス保安協会内
宮城県	仙台市	高圧ガス保安協会 東北支部	022-268-7501	980-0011	仙台市青葉区上杉3-3-21 上杉NSビル
秋田県	秋田市	秋田県試験事務所	018-862-4918	010-0951	秋田市山王3-1-7 東カン秋田ビル ㈳秋田県エルピーガス協会内
山形県	山形市	山形県試験事務所	023-623-8364	990-0047	山形市旅篭町3-3-36 ㈳山形県エルピーガス協会内
福島県	郡山市	福島県試験事務所	024-593-2161	960-1195	福島市上鳥渡字蛭川22-2 ㈳福島県エルピーガス協会内
茨城県	水戸市	茨城県試験事務所	029-225-3261	310-0801	水戸市桜川2-2-35 茨城県産業会館 ㈳茨城県高圧ガス協会内
栃木県	宇都宮市	栃木県試験事務所	028-689-5200	321-0941	宇都宮市東今泉2-1-21 栃木県ガス会館 ㈳栃木県エルピーガス協会内
群馬県	伊勢崎市	群馬県試験事務所	027-255-4639	371-0854	前橋市大渡町1-10-7 群馬県公社総合ビル 群馬県高圧ガス保安協会連合会内
埼玉県	さいたま市	埼玉県試験事務所	048-833-6107	330-0063	さいたま市浦和区高砂3-4-9 太陽生命ビル6階 埼玉県高圧ガス団体連合会内
千葉県	習志野市	千葉県試験事務所	043-246-1725	260-0024	千葉市中央区中央港1-13-1 千葉県ガス石油会館 ㈳千葉県エルピーガス協会内
東京都	杉並区 大島町 八丈町 小笠原村	東京都一般ガス・ 冷凍試験事務所	03-3551-9571	104-0043	東京都中央区湊3-10-10 日昇ビル ㈳東京都高圧ガス保安協会内
神奈川県	藤沢市	神奈川県一般ガス・ 冷凍試験事務所	045-228-0366	231-0023	横浜市中区山下町1 シルクセンター国際貿易観光会館 ㈳神奈川県高圧ガス協会内
新潟県	新潟市 長岡市 上越市	新潟県試験事務所	025-244-3784	950-0087	新潟市東大通1-2-23 北陸ビル 新潟県高圧ガス保安団体連絡協議会内
富山県	富山市	富山県試験事務所	076-441-6993	930-0004	富山市桜橋通り6-13 富山フコク生命第1ビル ㈳富山県エルピーガス協会内
石川県	金沢市	石川県試験事務所	076-291-8689	921-8005	金沢市間明町1-198 トミオビル ㈳石川県エルピーガス協会内
福井県	福井市	福井県試験事務所	0776-34-3930	918-8037	福井市下江守町26字35番4号 ㈳福井県エルピーガス協会内
山梨県	甲府市	山梨県試験事務所	055-228-4171	400-0034	甲府市宝1-22-11 山梨県農業共済会館内 ㈳山梨県エルピーガス協会内
長野県	松本市	長野県試験事務所	026-229-8734	380-0935	長野市中御所1-16-13 天馬ビル ㈳長野県エルピーガス協会内
岐阜県	坂祝町	岐阜県試験事務所	058-274-7131	500-8384	岐阜市薮田南5-11-11 岐阜県エルピージー会館 ㈳岐阜県エルピーガス協会内
静岡県	静岡市	静岡県一般ガス・ 冷凍試験事務所	054-254-7891	420-0031	静岡市葵区呉服町2-3-1 伏見屋ビル ㈳静岡県高圧ガス保安協会内

試験地	会場	担当試験事務所	電話番号	〒	所在地
愛知県	名古屋市	愛知県試験事務所	052-261-2896	460-0011	名古屋市中区大須 4-15-12 愛知県福利会館 ㈳愛知県エルピーガス協会内
三重県	四日市市	三重県試験事務所	0593-46-1009	510-0855	四日市市馳出町 3-29 親和ビル 三重県高圧ガス安全協会内
滋賀県	彦根市	滋賀県試験事務所	077-526-4718	520-0044	大津市京町 4-5-23 フォレスト京町ビル 滋賀県高圧ガス保安協会内
京都府	京都市	京都府試験事務所	075-314-6540	615-0042	京都市右京区西院東中水町 17 京都府中小企業会館 京都府高圧ガス試験運営協議会内
大阪府	堺　市	大阪府試験事務所	06-6229-1236	541-0047	大阪市中央区淡路町 1-4-10 森井ビル 大阪府高圧ガス保安技術振興協会内
兵庫県	神戸市	兵庫県試験事務所	078-361-8068	650-0004	神戸市中央区中山手通 7-28-33 兵庫県立産業会館 兵庫県高圧ガス試験実施委員会内
奈良県	奈良市	奈良県試験事務所	0742-33-7192	630-8132	奈良市大森西町 13-12 奈良県高圧ガス保安協議会内
和歌山県	和歌山市	和歌山県試験事務所	073-432-1896	640-8269	和歌山市小松原通 1-1 サンケイビル 和歌山県高圧ガス地域防災協議会内
鳥取県	倉吉市	鳥取県試験事務所	0857-22-3319	680-0803	鳥取市田園町 3-124 鳥取県消防会館 ㈳鳥取県エルピーガス協会内
島根県	松江市 江津市	島根県試験事務所	0852-21-9716	690-0852	松江市千鳥町 15 コープビル ㈳島根県エルピーガス協会内
岡山県	岡山市	岡山県試験事務所	086-226-5227	700-0824	岡山市内山下 1-3-19 成広ビル 6 階 岡山県高圧ガス地域防災協議会内
広島県	広島市	広島県試験事務所	082-228-1370	730-0012	広島市中区上八丁堀 8-23 林業ビル 広島県高圧ガス地域防災協議会内
山口県	山口市	山口県一般ガス・ 冷凍試験事務所	083-974-5380	754-0011	吉敷郡小郡町御幸町 7-31 杉ビル 203 号 山口県高圧ガス試験運営協議会内
徳島県	徳島市	徳島県試験事務所	088-653-8821	770-0941	徳島市万代町 5-71-15 ㈳徳島県エルピーガス協会内
香川県	高松市	香川県試験事務所	087-821-4401	760-0020	高松市錦町 1-6-8 柳ビル ㈳香川県エルピーガス協会内
愛媛県	松山市	愛媛県試験事務所	089-947-4744	790-0003	松山市三番町 4-10-1 愛媛県三番町ビル ㈳愛媛県エルピーガス協会内
高知県	高知市	高知県試験事務所	088-873-6653	780-0870	高知市本町 4-1-24 JA 高知ビル ㈳高知県エルピーガス協会内
福岡県	福岡市	福岡県試験事務所	092-476-3838	812-0015	福岡市博多区山王 1-10-15 ㈳福岡県 LP ガス協会内
佐賀県	佐賀市	佐賀県試験事務所	0952-22-5516	840-0801	佐賀市駅前中央 1-7-18 池鶴ビル ㈳佐賀県エルピーガス協会内
長崎県	長崎市	長崎県試験事務所	095-824-3770	850-0018	長崎市伊勢町 2-1 佐藤ビル ㈳長崎県プロパンガス協会内
熊本県	熊本市	熊本県試験事務所	096-381-3131	862-0951	熊本市上水前寺 2-18-4 ㈳熊本県エルピーガス協会内
大分県	大分市	大分県試験事務所	097-534-0733	870-0045	大分市城崎町 2-1-5 司法ビル ㈳大分県高圧ガス保安協会内
宮崎県	宮崎市	宮崎県試験事務所	0985-52-1122	880-0912	宮崎市赤江飛江田 774 宮崎県エルピーガス会館 ㈳宮崎県エルピーガス協会内
鹿児島県	鹿児島市 名瀬市	鹿児島県試験事務所	099-250-2535	890-0064	鹿児島市鴨池新町 5-6 鹿児島県プロパンガス会館 ㈳鹿児島県エルピーガス協会内
沖縄県	宜野湾市 平良市 石垣市	沖縄県試験事務所	098-858-9562	901-0152	那覇市字小禄 1831-1 沖縄産業支援センター 413 号 ㈳沖縄県高圧ガス保安協会内

試験地や担当試験事務所などは変更になる場合があります。

目　次

はじめに……iii
第3種冷凍機械責任者試験 受験ガイド……v

Part 0　SI 単位 ——————————————— 1
Section 1　SI 単位系……2

Part 1　熱の概念 ——————————————— 7
Section 2　熱の移動……8
Section 3　顕熱と潜熱……12
Section 4　熱の移動形態……16
Section 5　熱通過率……20
Section 6　平均温度差……24
チャレンジ問題……28

Part 2　冷凍の基礎 ——————————————— 31
Section 7　冷凍の原理……32
Section 8　冷媒の状態と線図……36
Section 9　冷凍サイクル……40
Section 10　冷凍装置の成績係数……44
Section 11　ヒートポンプの成績係数……48
チャレンジ問題……52

Part 3　各種機器 ——————————————— 55
Section 12　冷媒・潤滑油……56
Section 13　圧　縮　機……60
Section 14　凝縮器・冷却塔……64
Section 15　蒸　発　器……68
Section 16　自動制御機器……72
Section 17　付属機器……76
チャレンジ問題……80

Part 4　冷凍装置とその運用 ——— 83

- Section 18　冷媒配管……84
- Section 19　冷凍装置の安全装置と保安……88
- Section 20　圧力容器の強度……92
- Section 21　冷凍装置の圧力試験……98
- Section 22　冷凍装置の運転状態……102
- Section 23　冷凍装置の保守管理……106
- チャレンジ問題……110

Part 5　法　　令(1) ——— 113

- Section 24　総　　則……114
- Section 25　貯　　蔵……118
- Section 26　移　　動……122
- Section 27　容　　器……126
- Section 28　冷凍事業所……130
- Section 29　冷凍能力……134
- Section 30　第一種製造者……138
- Section 31　危害予防規程……142
- Section 32　保安検査……146
- Section 33　定期自主検査……150
- Section 34　冷凍保安責任者……154
- Section 35　指定設備……160
- チャレンジ問題……165

Part 6　法　　令(2) ——— 169

- Section 36　定置式製造設備(1)……170
- Section 37　定置式製造設備(2)……176
- Section 38　製造の方法に係る技術上の基準……180
- チャレンジ問題……184

チャレンジ問題の解答……186

Part 0

SI 単位

　技術の基本は，物理量をどのような単位で表現するかということです．昔は1尺で表した長さも，今では30〔cm〕とか300〔mm〕とか0.3〔m〕と呼びます．この単位の表現方法の体系を単位系といいます．以前は工学上使用される単位を基本とした工学単位系が用いられてきましたが，平成11年10月に計量法が改正され，商取引にはSI単位系が使用されることになりました．この本では，はじめにSI単位系について勉強することにします．

Section 1　SI 単位系

はじめに，**SI 単位系**についてわかりやすく説明します．SI 単位系は，ISO（国際標準化機関）が定めた単位系で，**国際単位系**とも呼ばれています．わが国の計量法でも SI 単位系が採用されています．SI 単位系は，質量〔kg〕，長さ〔m〕および時間〔s〕を基本とした組合せ単位系です．表1–1と表1–2に SI 単位を示します．

温度は，水の凝固点と沸点を100等分したセルシウス温度を使用し，単位はもちろん〔℃〕です．温度差は，熱力学温度の〔K〕（ケルビン）でも，〔℃〕でもどちらでも可能です．

これだけ覚えておけば，第三種冷凍機械責任者試験問題で困ることはありません．

● SI 単位の計算

力は，質量×加速度ですから，〔kg〕×〔m/s²〕=〔kg・m/s²〕=〔N〕（ニュートン）という単位になります．圧力は，力が単位面積に加わったものですから，〔N/m²〕=〔Pa〕（パスカル）という単位で表されます．

冷媒の圧力は，これを1 000倍した〔kPa〕（キロパスカル），あるいはさらに1 000倍した〔MPa〕（メガパスカル）で表示します．

仕事は，力×距離ですから，〔N〕×〔m〕=〔N・m〕=〔J〕（ジュール）という単位になります．熱は仕事と等価なので，熱量の単位も〔J〕で表され，1 000倍すれば〔kJ〕（キロジュール）になります．

単位時間当たりの熱流量は〔J/s〕であり，これを〔W〕（ワット）で表します．

1時間当たりの熱流量は，
〔kJ/h〕
　=1 000〔J〕/3 600〔s〕
　=1/3.6〔J/s〕
　=0.33〔W〕
となります．

表1–1　SI 基本単位

基本量	SI 基本単位	
	名　称	記　号
長さ	メートル	m
質量	キログラム	kg
時間	秒	s
電流	アンペア	A
熱力学温度	ケルビン	K
物質量	モル	mol
光度	カンデラ	cd

表 1-2　固有の名称をもつ SI 組立単位

組立量	SI 組立単位		
	固有の名称	記号	SI 基本単位及び SI 組立単位による表し方
平面角	ラジアン	rad	$1\,\mathrm{rad} = 1\,\mathrm{m/m} = 1$
立体角	ステラジアン	sr	$1\,\mathrm{sr} = 1\,\mathrm{m^2/m^2} = 1$
周波数	ヘルツ	Hz	$1\,\mathrm{Hz} = 1\,\mathrm{s^{-1}}$
力	ニュートン	N	$1\,\mathrm{N} = 1\,\mathrm{kg \cdot m/s^2}$
圧力,応力	パスカル	Pa	$1\,\mathrm{Pa} = 1\,\mathrm{N/m^2}$
エネルギー,仕事,熱量	ジュール	J	$1\,\mathrm{J} = 1\,\mathrm{N \cdot m}$
パワー,放射束	ワット	W	$1\,\mathrm{W} = 1\,\mathrm{J/s}$
電荷,電気量	クーロン	C	$1\,\mathrm{C} = 1\,\mathrm{A \cdot s}$
電位,電位差,電圧,起電力	ボルト	V	$1\,\mathrm{V} = 1\,\mathrm{W/A}$
静電容量	ファラド	F	$1\,\mathrm{F} = 1\,\mathrm{C/V}$
電気抵抗	オーム	Ω	$1\,\Omega = 1\,\mathrm{V/A}$
コンダクタンス	ジーメンス	S	$1\,\mathrm{S} = 1\,\Omega^{-1}$
磁束	ウェーバ	Wb	$1\,\mathrm{Wb} = 1\,\mathrm{V \cdot s}$
磁束密度	テスラ	T	$1\,\mathrm{T} = 1\,\mathrm{Wb/m^2}$
インダクタンス	ヘンリー	H	$1\,\mathrm{H} = 1\,\mathrm{Wb/A}$
セルシウス温度	セルシウス度[1]	℃	$1\,℃ = 1\,\mathrm{K}$
光束	ルーメン	lm	$1\,\mathrm{lm} = 1\,\mathrm{cd \cdot sr}$
照度	ルクス	lx	$1\,\mathrm{lx} = 1\,\mathrm{lm/m^2}$

注[1]　セルシウス度は,セルシウス温度の値を示すのに使う場合の単位ケルビンに代わる固有の名称である.

● SI 接頭語

基本単位・組立単位と合わせて使用するものに,SI 接頭語があります.これは 10 の整数乗倍を表します.

主なものには次のようなものがあります.

10^{12} : T (テラ)
10^{9} : G (ギガ)
10^{6} : M (メガ)
10^{3} : k (キロ)
10^{2} : h (ヘクト)
10 : da (デカ)
10^{-1} : d (デシ)
10^{-2} : c (センチ)
10^{-3} : m (ミリ)
10^{-6} : μ (マイクロ)
10^{-9} : n (ナノ)
10^{-12} : p (ピコ)

つまり,1 [m] は,
1 [m] = 1 000 [mm]
　　　　100 [cm]
　　　0.001 [km]
と,いろいろ表示できますが,すべて同じ長さを表しています.

次の記述のうち正しいものを選びなさい．

イ．圧力の単位はJで表される．
ロ．熱量の単位はJで表される．
ハ．熱流量の単位はJで表される．
ニ．熱量の単位はWで表される．
ホ．熱流量の単位はWで表される．

(1) イ, ロ　(2) ロ, ハ　(3) ハ, ニ
(4) ロ, ホ　(5) イ, ホ

解答 (4)

解　説

イ．× 　圧力の単位は，$[Pa] = [N/m^2]$ です．
ロ．○ 　熱量の単位は $[J] = [N \cdot m]$ です．
ハ．× 　熱流量は $[W] = [J/s]$ で表されます．
ニ．× 　熱量の単位はロのとおり $[J]$ です．
ホ．○ 　熱流量は $[W] = [J/s]$ で表されます．

　したがって，正しいのはロとホです．

　$p-h$ 線図では，横軸に冷媒の比エンタルピー $[kJ/kg]$，すなわち冷媒の単位質量当たりの熱量を，縦軸に冷媒の圧力 $[MPa]$ を表示します．

　SI 単位系では，一般に 1 000 倍ごとに接頭語を付けて表示します．
　　10^3……k（キロ）
　　10^6……M（メガ）
　　10^9……G（ギガ）
　天気予報では，1 013 $[hPa]$ などと気圧を $[hPa]$ で表しますが，これは 10^2 を表す h（ヘクト）という接頭語を圧力の単位 $[Pa]$ に付けたことになります．面積の単位で $[ha]$（ヘクタール）というのがありますが，これは $[a]$（アール）に接頭語 h が付けられたものです．
　また，1/1 000 倍ごとに付ける接頭語は次のようになります．
　　10^{-3}……m（ミリ）
　　10^{-6}……μ（マイクロ）
　　10^{-9}……n（ナノ）
　最近，ナノテクノロジーという言葉をよく耳にしますが，これはナノメートル（nm=10^{-9}m）オーダーの微細加工技術を意味します．

SI単位系は，ISOが定めた単位系で国際単位系です．しかし，アメリカなどでは依然フィート・ポンド法が根強く使用されています．フィート・ポンド法発祥のイギリスでは，すでにSI単位系に移行しているようですが，アメリカでは工学分野では併記されているものの，日常生活ではインチ，フィート，ポンドの世界です．フィート・ポンド法は，基本的に12進法から構成されています．たとえば，長さの単位では，

　　1フィート＝12インチ　　（1フィート≒30.48〔cm〕）
　　1ヤード＝3フィート　　（1ヤード≒91.5〔cm〕）
　　1マイル＝1 760ヤード　　（1マイル≒1 610〔m〕）

となっていて，SI単位系のように10倍ごとでなく，12倍または12の約数倍になっています．また，質量では，

　　1ポンド＝16オンス　　（1ポンド≒453g）

という具合です．

　かつて，イギリスでは通貨単位も複雑でした．イギリスは，EUに加盟していますが，通貨統合はしていません．そのため，現在もポンドという通貨で，1ポンド＝100ペンスとなっています．ところが，1971年2月以前は次のようになっていました．

　　1シリング＝12ペンス
　　1ポンド＝20シリング
　　1ギニー＝21シリング（ただし，金貨のみ）

イギリスもアメリカも世界を制覇した国で商取引や金融におけるグローバル・スタンダードを確立しましたが，このような理解しにくい単位系をなぜ使用しているのかわかりません．ところで，SI単位系で唯一12進法を採用している単位があります．それは，時間の単位です．

　　1分＝60秒
　　1時間＝60分
　　1日＝24時間＝1 440分＝86 400秒

こればかりは，どうしようもありません．

Part 1
熱の概念

　Part 1では，冷凍の基本である熱の概念について学びます．熱の定義や熱の移動についてわかりやすく説明します．

　熱は，固体・液体・気体の原子の運動によって発生するエネルギーです．この熱運動の度合いを温度で表現します．熱は，この運動の激しい方から穏やかな方へ伝わります．つまり，温度の高い方から低い方へ熱は流れていきます．温度差が大きいほど，熱の伝わり方は大きくなります．

　また，物質によって，熱を蓄えられる容量に違いがあります．冷え切った部屋を暖房するとき，空気はすぐに暖まりますが，壁体はなかなか暖まらないのは，このためです．0〔℃〕の氷も0〔℃〕の水も同じ0〔℃〕という温度ですが，固体と液体とでは保有している熱が違います．このような状態変化を伴う熱移動を潜熱移動といいます．

Section 2 熱の移動

●比熱

物質固有の物理量で,単位質量当たり,単位温度差当たり,どれだけの熱量を蓄えられるかを示します.

比熱に密度を乗じた物理量を**熱容量**といいます.

質量 m 〔kg〕,温度 t_2 〔℃〕の物質が熱を吸収して温度 t_1 〔℃〕になったとき,その物質が吸収した熱量 Q 〔kJ〕は,その物質の**比熱**が c 〔kJ/(kg・℃)〕のとき,

$Q = mc(t_1 - t_2)$ 〔kJ〕

です.

●物理量

圧力や速度などのように,物理的に示される量のことです.

●熱量

物質から出入りする熱エネルギーの量のことで,単位は〔J〕(ジュール)です.

■ 例題

次の中で正しいものはどれか.
イ.熱は低温部から高温部に移動する.
ロ.熱は高温部から低温部に移動する.
ハ.同じ質量で同じ温度差のとき,物質の比熱が大きいほど熱量は小さい.
ニ.同じ比熱で同じ温度差のとき,物質の質量が大きいほど熱量は小さい.
ホ.同じ比熱で同じ質量のとき,物質の両側の温度差が大きいほど熱量は大きい.

(1) イ　　(2) ロ,ハ　　(3) ハ,ニ
(4) ニ,ホ　(5) ロ,ホ

解答 (5)

解説

- イ．× クラウジウスの原理によれば，熱は高温部から低温部にのみ移動します．
- ロ．○ イのとおり，熱は高温部から低温部にのみ移動します．
- ハ．× 熱量 Q は，$Q = mc(t_2 - t_1)$ 〔kJ〕ですから，質量 m，比熱 c および温度差 $t_2 - t_1$ に比例します．
- ニ．× ハのとおり，質量が大きい方が熱量は大きいです．
- ホ．○ ハのとおり，温度差が大きい方が熱量は大きいです．

したがって，正解は(5)です．

●**クラウジウスの原理**

熱は高温から低温にのみ移動します．その逆はありえません．これを**クラウジウスの原理**といいます．そのため，物を冷却するには，周囲に低温の物を置けばよいのです．低温の「物」は固体でも，液体でも，気体でも構いません．

●**定圧比熱**

圧力を一定に保ったときに気体が示す比熱のことです．

●**熱平衡状態**

熱の流入出のバランスが取れている状態のことをいいます．

要点項目

❶ 熱の移動

　熱は物質の持つエネルギーのひとつです．

　熱の移動は，水にたとえるとわかりやすいでしょう．熱はクラウジウスの原理により温度の高い方から低い方へのみ移動します．これは，水が高いところから低いところへ流れることと同様です．

　冬には，暖房している室内から外壁を通って寒い屋外へ熱が流れますが，その逆に寒い屋外から暖かい室内へ熱が流れることはありません．夏に冷房している室内では，暖房のときと反対に暑い屋外から涼しい室内へ外壁を通って熱が流入してきます．固体壁の両側の温度に差があるとき，温度の高い方から低い方へ熱が流れます．これを堤防にたとえれば，小さい穴が開いていて，水が水位の高い方から低い方へ漏れだしてくるのと同じです（**図 2-1**）．

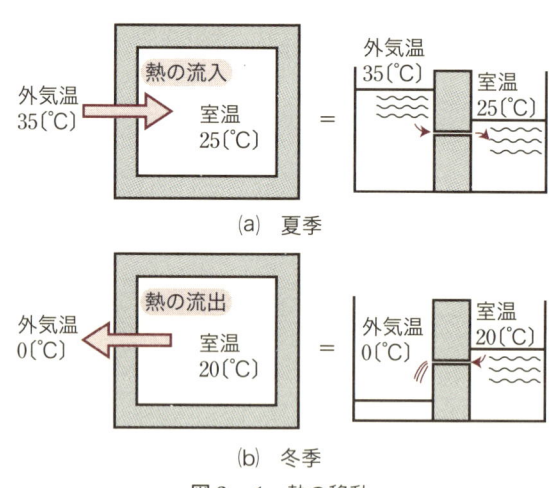

図 2-1　熱の移動

❷比熱と熱容量

　比熱とはある物質が単位質量，単位温度差当たりどれだけの熱を蓄えることができるかという度合です．

　たとえば，空気の比熱（定圧比熱）は1.007〔kJ/(kg·K)〕ですが，コンクリートの比熱は0.9〔kJ/(kg·K)〕です．一見して，空気とコンクリートの比熱はほとんど変わりませんが，空気とコンクリートでは密度が2 000倍違います．比熱に密度を掛け合わせたものを**熱容量**と呼び，体積当たりの比熱を意味します．

　そこで，空気とコンクリートの熱容量を比較すると，空気は1.2〔kJ/(m^3·K)〕，コンクリートは2 160〔kJ/(m^3·K)〕で，コンクリートの熱容量は空気と比較して約2 000倍大きいことがわかります．

　たとえば，休日明けに冷え切った室内を暖房しようとします．外気温度が0〔℃〕とすると，空気も壁体のコンクリートも同じ0〔℃〕の熱平衡状態になっています．ここで，横幅10〔m〕×奥行10〔m〕×高さ3〔m〕＝300〔m^3〕の室内空気を20〔℃〕まで加熱するのに必要な熱量は，

$$1.2〔kJ/m^3·K〕× 300〔m^3〕× 20〔℃〕= 7 200〔kJ〕$$

であるのに対して，コンクリートの壁体100〔m^3〕を20〔℃〕まで加熱するのに必要な熱量は

$$2 160〔kJ/(m^3·K)〕× 100〔m^3〕× 20〔℃〕= 4 320 000〔kJ〕$$

です．

　つまり，熱容量の小さい空気は容易に暖まりますが，熱容量の大きいコンクリートを熱平衡状態まで加熱するのには大きな熱量が必要だということです．

Section 3 顕熱と潜熱

●顕熱
　同じ固体，液体または気体の状態で温度変化が生じるときに必要な熱を**顕熱**といいます．

●潜熱
　固体から液体，液体から気体，またはその逆の状態変化（相変化）を起こすときに必要な熱を**潜熱**といいます．たとえば，真空中で0〔℃〕の1〔kg〕の水が蒸発するのに約2 500〔kJ〕の潜熱を必要とします．

例題

次の中で正しいものはどれか．
イ．状態変化を伴うときに必要な熱を顕熱という．
ロ．温度変化を伴うときに必要な熱を顕熱という．
ハ．水の蒸発潜熱は，約2 500〔kJ/kg〕である．
ニ．水の蒸発潜熱は，約250〔kJ/kg〕である．

(1) イ，ロ　　(2) イ，ハ　　(3) ロ，ハ
(4) ロ，ニ　　(5) ハ，ニ

解答 (3)

解説

- イ．× 状態変化を伴うときに必要な熱を潜熱といいます．
- ロ．○ 温度変化を伴うときに必要な熱を顕熱といいます．
- ハ．○ 水の蒸発潜熱は，真空中で約 2 500〔kJ/kg〕です．
- ニ．× ハで示したとおり，水の蒸発潜熱は約 2 500〔kJ/kg〕です．

ロとハが正しいので，正解は(3)です．

●状態変化（相変化）
　物質の状態が，固体から液体へ，液体から気体へ，あるいはその逆に変化することです．

●融解熱
　同じ温度の固体が同じ温度の液体に変化するために必要な熱量（潜熱）のことです．
・水の蒸発潜熱
　　0〔℃〕で 2 501.6〔kJ/kg〕
・氷の融解熱
　　0〔℃〕で 336〔kJ/kg〕

要点項目

顕熱と潜熱

ここでは，物質が温度変化を伴うときに必要な顕熱と状態変化を伴うときに必要な潜熱についてわかりやすく説明します．

常温の水を加熱すると，温度が上昇します．どんどん加熱すると，水は沸騰します．沸騰しているときは水は蒸発しますが，温度は100〔℃〕のままです．水の温度が上昇しているときのように，物質が同じ状態で温度が変化するときの熱を**顕熱**といい，水が沸騰し蒸発しているときのように物質が状態変化をするときの熱を**潜熱**といいます．

潜熱はかなり大きいので，Part 2 で学習するように，冷凍サイクルでは蒸発器で水や空気と冷媒が熱交換を行い，冷媒を液体から気体に状態変化させて，冷媒の蒸発潜熱をうまく利用します．以上を**図3－1**に示します．水1〔kg〕が10〔℃〕から20〔℃〕に顕熱変化したときに投入された熱量は41.8〔kJ〕ですが，同じ0〔℃〕の水1〔kg〕が1〔kg〕の水蒸気になったときの熱量は約2 500〔kJ〕です．このように顕熱変化と比較して，潜熱変化は熱量の変化が極めて大きいのです．

顕熱　$Q = mc(t_1 - t_2) = 1 \times 4.18 \times (20 - 10) = 41.8$〔kJ〕

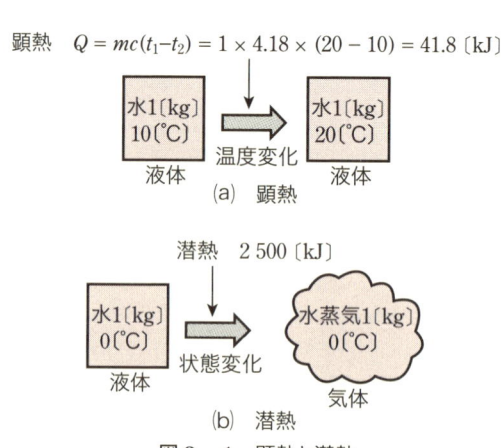

図3－1　顕熱と潜熱

たとえば，登山をしているとき，体温が 36.5〔℃〕で外気温度が 0〔℃〕とすると，衣服の熱通過率を 0.5〔W/(m²·K)〕，体表面積を 2〔m²〕としたとき，顕熱により奪われる熱量は，

$$0.5 \times 2 \times (36.5 - 0) = 36.5 \text{〔W〕}$$

に過ぎませんが，1時間当たり 0.1〔kg〕の汗をかいたとすると，

$$0.1 \text{〔kg/h〕} \times 2\,500 \text{〔kJ/kg〕} = 250 \times \frac{1\,000}{3\,600} \text{〔J/s〕}$$
$$= 70 \text{〔W〕}$$

の蒸発潜熱が奪われ，体温が低下することがわかります．夏期は逆に，発汗によって蒸発潜熱が奪われないと体温が上昇して熱中症にかかってしまいます．外気温度が高いときは，体温と外気温度の差がほとんどないので，顕熱による体表面からの放熱は期待できません．そこで，人体は発汗による蒸発潜熱により体表面からの放熱を行うのです．このように体温調節で発汗による潜熱の影響は極めて大きいのです．

　最近，「エコアイス」の通称でお馴染みの氷蓄熱式空調システムが多く利用されています．この蓄熱システムのメリットのひとつに，氷の融解熱という潜熱を利用して，小さい蓄熱槽で大きな蓄熱量を得ることがあります．

　たとえば，0〔℃〕の冷水を 10〔℃〕まで利用するとき，1〔m³〕では 42 000〔kJ〕の熱量（顕熱）に過ぎませんが，水の体積の 10〔％〕だけ 0〔℃〕の氷が入っているとすると，氷の融解熱は 336〔kJ/kg〕ですから，

$$1\,000 \times 0.1 \times 336 + 42\,000 = 75\,600 \text{〔kJ〕}$$

となって，潜熱＋顕熱で2倍近い熱量を蓄熱することができるのです．

　冷凍機械では，凝縮器で気体冷媒を液化し，蒸発器で液体冷媒を気化させるという潜熱変化を利用して熱交換を行います．顕熱だけだと比熱と温度差の積に比例するだけですから大きい熱交換は期待できませんが，状態変化による潜熱交換を利用することにより，大きい熱交換をすることが可能になります．

Section 4 熱の移動形態

●熱伝導
　固体に温度差があるときに熱が高温側から低温側へ流れる現象です。

●対流熱伝達
　固体表面と流体（空気や水など）との間の熱移動現象です。

●放射
　主として固体表面と固体表面で電磁波（主に赤外線）によって起きる熱移動現象です。

●熱流量
　単位時間に単位面積を通過する熱量のことです。単位は、$[W/m^2]$です。

例題

次の中で正しいものはどれか．

イ．同じ温度差のとき，熱伝導による熱流量は板厚が厚いほど大きい．

ロ．同じ温度差のとき，熱伝導による熱流量は熱伝導率が大きいほど大きい．

ハ．同じ温度差のとき，対流熱伝達による熱流量は表面対流熱伝達率が大きいほど大きい．

ニ．同じ温度差のとき，対流熱伝達による熱流量は表面対流熱伝達率が小さいほど大きい．

(1)　イ，ロ　　(2)　イ，ハ　　(3)　ロ，ハ
(4)　ハ，ニ　　(5)　ロ，ニ

解答 (3)

解　説

イ．×　熱伝導による熱流量は，熱伝導率に比例し，板厚に反比例します．

ロ．○　イの通り，熱伝導による熱流量は，熱伝導率に比例します．

ハ．○　対流熱伝達による熱流量は表面対流熱伝達率に比例します．

ニ．×　ハの通り，対流熱伝達による熱流量は表面対流熱伝達率に比例します．

したがって，ロとハが正しいので，正解は(3)です．

●熱伝導率
　固体の単位長さ（1〔m〕）に単位温度差（1〔℃〕）が与えられているときに流れる熱量のことをいいます．

●放射率
　固体表面が入射した熱エネルギーを放射する比率のことをいいます．

要点項目

熱の移動形態

ここでは,冷凍の基本である熱の移動形態について学びます.

熱移動の種類は,**図4-1**に示すように3種類があります.

固体中を熱が伝わることを**熱伝導**といいます.固体表面と空気や水などの流体の間の熱移動を**対流熱伝達**といいます.主として固体表面と固体表面の間で,赤外線によって熱が伝わることを**放射**といいます.放射では,電磁波で熱が伝わるので,真空中でも熱が移動します.

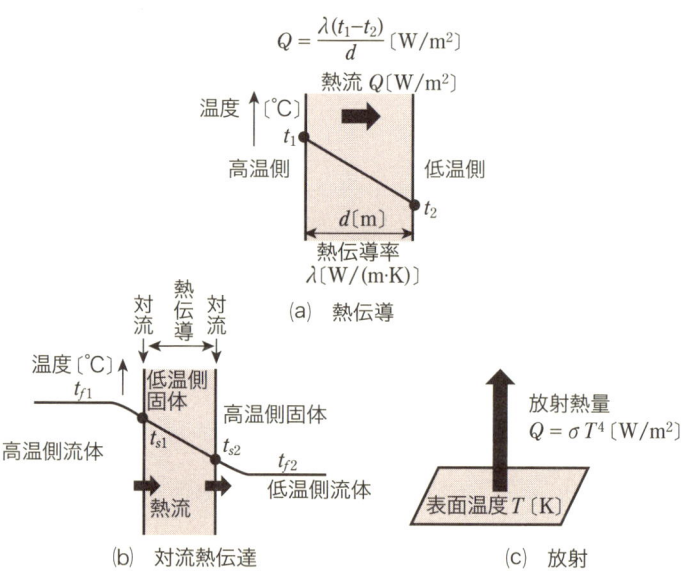

図4-1 熱の移動形態(定常状態)

熱伝導による熱の移動量は,熱伝導率に比例し,材料の板厚に反比例しますので,材料の両側に同じ温度差があるとき,熱伝導率が大きい材料では大きく,板厚が厚い方が小さくなります.

熱伝導による熱流量 Q は,

$$Q = \frac{\lambda(t_1 - t_2)}{d} \, [\mathrm{W/m^2}] \qquad (4.1)$$

となります．ここで，λ は熱伝導率〔W/(m・K)〕，t_1, t_2 は高温側と低温側の温度〔℃〕，d は高温側と低温側の距離〔m〕です．

アルミニウムや銅のように熱を伝えやすい金属は熱伝導率が高く，木材やグラスウールのように熱を伝えにくい物質は熱伝導率が小さいのです．定常状態では，(a)図に示すように物質中の温度こう配は直線状になります．

対流熱伝達による熱流量 Q は，

$$Q = \alpha_c(t_f - t_s) \, [\mathrm{W/m^2}] \qquad (4.2)$$

です．ここで，α_c は**表面対流熱伝達率**〔W/(m²・K)〕，t_s は固体表面温度〔℃〕，t_f は流体の温度〔℃〕です．

流体の温度は固体表面から離れたところでは一定ですが，固体表面に近づくにつれて固体表面温度の影響を受けます．このように固体表面近くの領域で，固体表面温度の影響を受けるところを**温度境界層**といいます．熱伝達率は，流体の種類，固体表面の状態および流速などの流れの状態に依存します．対流熱伝達では，空気や水などの流体と固体表面で熱交換を行いますので，固体表面の状態や流体の流速などによって熱の伝わり方が異なります．50〔℃〕のお湯に入れないのに，100〔℃〕のサウナに入れるのは，水と空気の表面対流熱伝達率が100倍くらい異なるからです．

放射は，主として固体表面同士で電磁波によって熱が伝わることをいいます．放射率が1である物体を**完全黒体**といいますが，黒体放射では，放射熱量は表面の絶対温度の4乗に比例します．

$$Q = \sigma T^4 \, [\mathrm{W/m^2}] \qquad (4.3)$$

ここで，σ は**ステファン・ボルツマン定数**（$= 5.67 \times 10^{-8}$〔W/(m²・K⁴)〕），T は表面の絶対温度〔K〕です．実際には，それぞれの面の位置関係によって影響の度合いが異なるので，形態係数という面相互の位置関係を示す係数を掛け合わせます．離れたところにあるたき火が暖かく感じられるのは，たき火から発生する赤外線が空間を伝わって，手や顔に照射されるからです．途中の空気の温度は上昇しませんが，離れたところでも放射によってたき火を暖かく感じるのです．

Section 5 熱通過率

●熱抵抗
　固体を挟んだ2流体間の熱移動を考えたとき，熱の伝えにくさを**熱抵抗**〔m²K/W〕といいます。

●熱通過率
　熱抵抗の逆数を**熱通過率** K〔W/(m²·K)〕といい，固体を挟んだ2流体間の熱の伝えやすさを表します。

■例題

次の中で正しいものはどれか．

イ．同じ熱通過率のとき，固体壁の熱流量は流体の温度差が小さいほど大きい．

ロ．同じ温度差のとき，固体壁の熱流量は熱通過率が大きいほど大きい．

ハ．同じ熱抵抗のとき，固体壁の熱流量は流体の温度差が大きいほど大きい．

ニ．同じ温度差のとき，固体壁の熱流量は熱抵抗が小さいほど小さい．

(1) イ，ロ　　(2) イ，ハ　　(3) ロ，ハ
(4) ハ，ニ　　(5) ロ，ニ

解答 (3)

解説

イ．× 熱通過率が同じとき，固体壁の熱流量は固体壁を挟む両側の流体間の温度差が小さいほど小さいのです．

ロ．○ 熱通過率は，熱移動のしやすさを示す値ですから，熱通過率が大きいほど熱流量は大きくなります．

ハ．○ 熱抵抗が同じとき，固体壁の熱流量は固体壁を挟む両側の流体間の温度差が大きいほど大きいのです．

ニ．× 熱抵抗は熱通過率の逆数で，熱の伝えにくさを表しますから，同じ温度差のとき熱抵抗が小さいほど熱流量は大きくなります．

　したがって，ロとハが正しいので，正解は(3)です．

●熱交換
　2つの流体が固体壁を通じて，熱を移動することをいいます．

●流体
　水や空気などのように，容易に形を変えることのできる物質のことをいいます．

●熱流
　物体の間に温度差があるときに発生する熱の流れのことです．

●伝熱面積
　流体間で熱交換を行う部分の面積のことです．

要点項目

熱抵抗と熱通過率

ここでは固体壁を隔てた2つの温度の異なる流体の熱交換について学びます．

高温側流体から固体表面に対流熱伝達で熱が伝わり，固体中を熱伝導で熱が流れ，反対側の固体表面から低温側の流体に再び対流熱伝達で熱が伝わります．これらの熱移動のしやすさをまとめて**熱通過率**という概念で表します．これを定義すると，熱通過率に流体の温度差を掛ければ熱交換量を算出できるので便利です．熱交換器では熱通過率が大きい方が好ましく，断熱材では逆に熱通過率が小さい方が好ましいことになります．

固体を挟んだ2流体間の熱移動を考えます．図5-1のように，流体Ⅰ（高温側）から固体表面に対流熱伝達によって熱が伝わり，次に熱伝導によって反対側の固体表面に熱が移動し，さらに固体表面から流体Ⅱ（低温側）に対流熱伝達によって熱が流れます．ここで，電流と同じように熱流を考えると，熱を伝えるのを妨げる**熱抵抗**が3個直

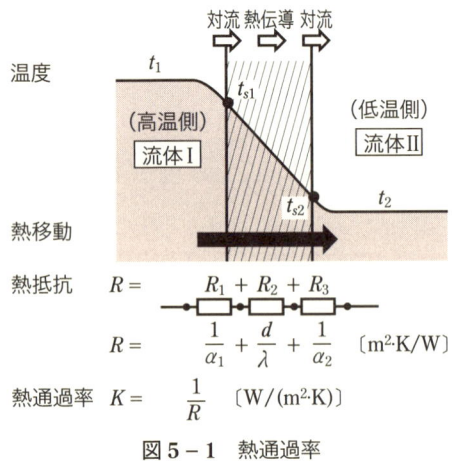

熱抵抗　$R = R_1 + R_2 + R_3$

$R = \dfrac{1}{\alpha_1} + \dfrac{d}{\lambda} + \dfrac{1}{\alpha_2}$　〔m²·K/W〕

熱通過率　$K = \dfrac{1}{R}$　〔W/(m²·K)〕

図5-1　熱通過率

列に並んでいることになります．すなわち，固体表面Ⅰの熱抵抗，固体の熱抵抗，固体表面Ⅱの熱抵抗です．

これを式で表すと，
$$R = R_1 + R_2 + R_3 \ [\mathrm{m^2 \cdot K/W}]$$
$$= \frac{1}{\alpha_1} + \frac{d}{\lambda} + \frac{1}{\alpha_2} \tag{5.1}$$
となります．

ここで，α_1 は流体Ⅰと固体表面の間の表面熱伝達率〔$\mathrm{W/(m^2 \cdot K)}$〕，d は固体壁の厚さ〔m〕，λ は固体壁の熱伝導率〔$\mathrm{W/(m \cdot K)}$〕，α_2 は流体Ⅱと固体表面の間の表面熱伝達率〔$\mathrm{W/(m^2 \cdot K)}$〕です．

表面熱伝達率は熱の伝えやすさを示すので，固体表面の熱抵抗は表面熱伝達率の逆数になります．

全体の熱抵抗の逆数を熱通過率 K〔$\mathrm{W/(m^2 \cdot K)}$〕（$= 1/R$）といい，固体を挟んだ 2 流体間の熱の伝えやすさを表します．そのため，図 5–1 の場合，固体を挟んだ 2 流体間の熱流量 Q は，
$$Q = K(t_1 - t_2) \ [\mathrm{W/m^2}] \tag{5.2}$$
となります．ここで，t_1，t_2 は流体Ⅰ，Ⅱの温度〔℃〕です．

(5.2) 式では，単位面積当たりの熱流量を計算する式になっていますので，これに伝熱面積を掛け合わせれば，実際の熱流量を算出することができます．

なお，建築環境工学の分野でも，壁体の伝熱を考えるときに同じ概念を用いますが，なぜかこちらでは熱通過率ではなく，「熱貫流率」という用語を用います．また，K という記号を用いるので，「K 値」ということもあります．英語では，熱通過率（= 熱貫流率）を U–factor といいます．建築で出てくる壁体の多くは多層壁なので，(5.1) 式の右辺第 2 項を壁体の種類ごとに加えます．

Section 6 平均温度差

●対数平均温度差
2種類の流体が熱交換をするとき，熱交換器の入口と出口の流体の温度差を対数平均した値です．

●算術平均温度差
2種類の流体が熱交換をするとき，熱交換器の入口と出口の流体の温度差を算術平均した値です．

例題

次の中で正しいものはどれか．

イ．固体壁を通過する熱量は，その壁で隔てられた両側の流体間の温度差，伝熱面積および壁の熱通過率の値に影響される．

ロ．固体壁を通過する熱量は，その壁で隔てられた両側の流体間の温度差および伝熱面積によって決まり，壁の熱通過率の値には影響されない．

ハ．2種類の流体の温度差の差が大きいときは，対数平均温度差を用いる．

ニ．2種類の流体の温度差の差が大きいときは，算術平均温度差を用いる．

(1) イ，ロ　　(2) イ，ハ　　(3) ロ，ハ
(4) ハ，ニ　　(5) ロ，ニ

解答 (2)

解説

イ．○　固体壁を通過する熱量は，その壁で隔てられた両側の流体間の温度差，伝熱面積および壁の熱通過率の値に影響されます．

ロ．×　イの通り，固体壁を通過する熱量は，壁の熱通過率の値に影響されます．

ハ．○　2種類の流体の温度差の差が大きいときは，対数平均温度差を用いて平均温度差を表現します．

ニ．×　ハの通り，2流体の温度差が大きいときは対数平均温度差を用います．

したがって，イとハが正しいので，正解は(2)です．

●熱交換器
2つの流体間で効率的に熱交換するための装置のことです．

要点項目

対数平均温度差と算術平均温度差

　ここでは，冷凍装置に用いる熱交換器における2流体の平均温度差について学びます．

　2種類の流体が熱交換をするとき，熱交換器の入口では温度差が大きいのですが，熱が移動するにつれて温度差は小さくなり，出口では温度差がほとんどなくなります．このとき，2流体の熱交換器入口温度差と出口温度差の平均値を平均温度差といいます．この平均値の取り方に，算術平均をとる方法と対数を使って表現する方法の2種類があります．冷凍機械では，蒸発器で冷媒と水や空気が熱交換をしますが，ここで平均温度差を用います．

　2つの流体が固体を挟んで熱交換を行うとき，それぞれの流体温度が位置によって変化するので，平均温度差を考えます．**図6-1**のように，流体Ⅰの温度が不変で，流体Ⅱの温度が変化するとき，熱交換器入口温度差 Δt_1 と出口温度差 Δt_2 から，

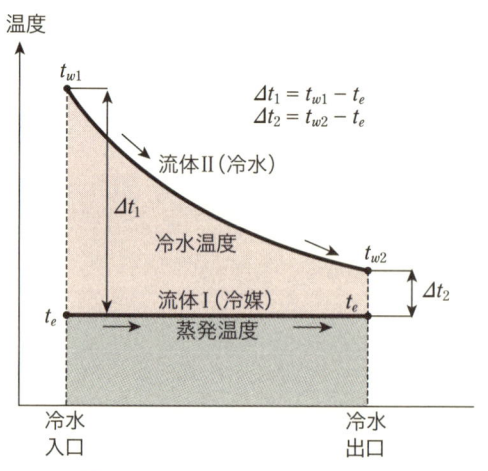

図6-1　蒸発器の冷水温度の変化

対数平均温度差　　$\Delta \bar{t}_{\ln} = \dfrac{\Delta t_1 - \Delta t_2}{\ln \dfrac{\Delta t_1}{\Delta t_2}}$ 〔K〕　　　　(6.1)

算術平均温度差　　$\Delta \bar{t}_m = \dfrac{\Delta t_1 + \Delta t_2}{2} = \dfrac{t_{w1} - t_{w2}}{2} - t_0$ 〔K〕　(6.2)

を定義します.

　正確には対数平均温度差を用いますが, 温度差の差 (Δt_1 と Δt_2 の差) が大きくないときは算術平均温度差を使用します.

> **●対数**
> 　常用対数は底を10とする対数のことですが, 自然対数は底を e とする対数です. 自然対数 (natural logarithm) を表現するときには, ln と記述します. ちなみに, e は数学者のオイラー (Euler) の頭文字からとったものです. 極限で定義すると,
> $$e = \lim_{n \to \infty} \left(1 + \frac{1}{n}\right)^n$$
> となります. 数学では, ネイピアの数 (Napier's constant) と呼ばれています. その値は,
> 　　　$e ≒ 2.71828\ 18284\ 59045\ 23536\ 02874\ 71352\cdots$
> です.
> 　　$n = 1$ のとき, $e = 2$
> 　　$n = 2$ のとき, $e = (1+1/2)^2 = 2.25$
> 　　$n = 3$ のとき, $e = (1+1/3)^3 = 2.37037\cdots$
> 　　$n = 4$ のとき, $e = (1+1/4)^4 = 2.441406\cdots$
> と n を大きくするにつれて, 上の数値に近づいていきます. Excel で計算してみると,
> 　　$n = 100$ で, $e = 2.704814\cdots$
> 　　$n = 1\ 000$ で, $e = 2.716924\cdots$
> 　　$n = 10\ 000$ で, $e = 2.718146\cdots$
> となります.

チャレンジ問題

問題 1

次のイ，ロ，ハ，ニの記述のうち，熱の移動について正しいものはどれか．

イ．固体壁を通過する熱量は，その壁で隔てられた両側の流体間の温度差，伝熱面積および壁の熱通過率の値によって決まる．

ロ．熱の移動の形態には，熱伝導，熱伝達および熱放射（熱ふく射）の3種類がある．

ハ．流体から固体壁への伝熱量は，流体の種類とその状態（気体，液体），流速によってかなり変わる．

ニ．水冷却器または水冷凝縮器において，入口水温を t_1，出口水温を t_2 とすると，これら熱交換器における算術平均温度差 Δt_m は

$$\Delta t_m = \frac{t_1 + t_2}{2}$$

である．

(1) イ, ロ　　(2) ロ, ハ　　(3) ハ, ニ
(4) イ, ロ, ハ　　(5) ロ, ハ, ニ

問題 2

次のイ，ロ，ハ，ニの記述のうち，熱の移動について正しいものはどれか．

イ．固体の高温部から低温部への熱の移動する現象を，熱伝導という．

ロ．固体壁の表面と，それに接して流れている流体との間の伝熱作用を，熱伝達という．

ハ．熱通過率は，固体壁で隔てられた2流体間の熱の伝わりやすさを表している．

ニ．固体壁で隔てられた2流体間を伝わる熱量は，(伝

熱面積）×（温度差）×（比熱）で表される．

(1) イ, ロ　　(2) ロ, ニ　　(3) イ, ロ, ハ
(4) イ, ハ, ニ　　(5) ロ, ハ, ニ

問題 3

次のイ，ロ，ハ，ニの記述のうち，熱の移動について正しいものはどれか．

イ．平板内を熱が移動するとき，その伝熱量は板の厚さに反比例し，平板の両側の表面温度差に正比例する．

ロ．熱伝達率の値は，流体の種類によって決まり，流速など流れの状態には関係しない．

ハ．熱伝達率と熱通過率の単位は，同じである．

ニ．熱伝導率の値が大きい材料は，断熱材として使用されている．

(1) イ, ロ　　(2) イ, ハ　　(3) ロ, ハ
(4) ロ, ニ　　(5) ハ, ニ

問題 4

次のイ，ロ，ハ，ニの記述のうち，冷凍の原理について正しいものはどれか．

イ．一般に，冷媒が液体から蒸気に，または蒸気から液体に状態変化する場合に必要とする熱を，顕熱と呼んでいる．

ロ．蒸発器では，冷媒が周囲から熱を受け入れて蒸発する．

ハ．圧縮機で圧縮された冷媒ガスを冷却して，液化させる装置が蒸発器である．

ニ．水の蒸発潜熱は，約 2 500〔kJ/kg〕である．

(1) イ, ロ　　(2) イ, ハ　　(3) ロ, ハ
(4) ロ, ニ　　(5) ハ, ニ

Part 2
冷凍の基礎

　Part 2 では，冷凍の基礎について学びます．
　冷凍装置では，冷媒を液体と気体という2種類の状態変化をさせて，熱移動を行います．まず，気体の冷媒を圧縮機で圧縮し，次に高温高圧になった冷媒から凝縮器で熱を奪い，液化させます．そして，膨張弁で冷媒の圧力を低下させ，液体と気体の混合状態になった冷媒と水や空気を蒸発器で熱交換します．蒸発器は水や空気を冷やす冷却器で，そこで冷媒は気化して潜熱変化をします．気化した冷媒は，元に戻って圧縮機で圧縮されます．
　これが冷凍の原理です．圧縮機を作動するためには，動力が必要になりますが，このような蒸気圧縮式冷凍装置では，熱量に換算すると動力の何倍もの冷却効果が得られます．

Section 7 冷凍の原理

●圧縮機

　蒸発器で水や空気から熱を奪い気化した冷媒ガスを，動力を用いて圧縮する機械です．圧縮機を出た冷媒ガスは，高温高圧の状態になります．圧縮機の動力には，主として電力が用いられますが，ガスや油を燃焼させてエンジンを駆動する圧縮機もあります．

●凝縮器

　圧縮機で高温高圧になった冷媒ガスから大気や冷却水で熱を奪い，液化させる熱交換器です．この排熱を暖房や給湯に利用することもできます．

例題

　次の中で間違っているものはどれか．

イ．蒸発器では，周囲から熱を吸収して，冷媒液が蒸発する．

ロ．凝縮器では，周囲へ熱を放出して，冷媒液が蒸発する．

ハ．膨張弁では，外部から冷媒への熱の出入りはない．

ニ．圧縮機では，圧縮仕事により，冷媒液は加熱される．

(1) イ, ロ　　(2) イ, ハ　　(3) ロ, ハ
(4) ハ, ニ　　(5) ロ, ニ

解答 (5)

解　説

イ．○　蒸発器では，水や空気から熱を吸収して，冷媒液が蒸発します．

ロ．×　凝縮器では，周囲へ熱を放出して，圧縮機を出た冷媒ガスが液化します．

ハ．○　膨張弁では，冷媒の圧力を減圧するだけですから，外部から冷媒への熱の出入りはありません．

ニ．×　圧縮機では，圧縮仕事により，冷媒ガスは圧縮され，加熱されます．

　したがって，ロとニが間違っているので，正解は(5)です．

●膨張弁

　凝縮器で液化した冷媒液を減圧することにより，低温低圧の液体と気体の混合状態にする弁です．

●蒸発器

　膨張弁を出た冷媒は低温低圧の液体と気体の混合状態になります．この冷媒と水や空気を熱交換する冷却器が蒸発器です．冷媒は，水や空気を冷却しながら，蒸発していきます．このときの冷媒の温度を蒸発温度といいます．冷媒は潜熱変化をするので，蒸発温度は一定です．

要点項目

冷凍の原理

蒸気圧縮式冷凍装置の原理を図7-1に示します．蒸気圧縮式冷凍装置では，まず①冷媒ガスを圧縮機で機械的に圧縮して高温高圧のガスにします．次に，②凝縮器という熱交換器で冷媒ガスを放熱させて，低温高圧のガスにします．そして，③膨張弁で圧力を減圧して，低温低圧の液体にします．最後に，④蒸発器という熱交換器で水や空気から熱を奪って冷却し，受熱した高温低圧の冷媒ガスを圧縮機に送り出します．この一連の冷媒の循環を**冷凍サイクル**といいます．

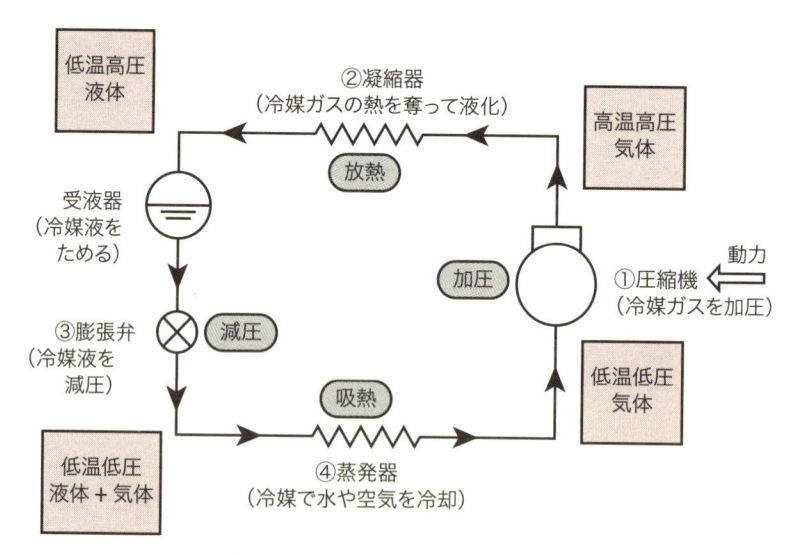

図7-1 蒸気圧縮式冷凍装置の原理

圧縮機は，低温低圧の冷媒ガスに機械的仕事を施して圧縮・加圧し，高温高圧のガスにします．圧縮機は電動式が多いのですが，ガスや灯油などを燃料としてエンジンを駆動して冷媒を圧縮するものもあります．ガスエンジン・ヒートポンプというのは，この方式で運転する冷凍装置です．

凝縮器は，圧縮機で高温高圧になった冷媒ガスから熱を奪い，液化させる熱交換器です．この熱を直接外気と熱交換する方式を**空冷式**といい，冷却水と熱交換する方式を**水冷式**といいます．水冷式では，最後には冷却塔で冷却水と外気で熱交換をして，大気に放熱します．凝縮器の排熱を暖房や給湯に利用することもできます．最近，販売されている「エコキュート」は，空冷ヒートポンプの凝縮器の廃熱を給湯に利用する装置です．

膨張弁は，凝縮器を出た低温高圧の冷媒液を減圧して，低温低圧の冷媒液にする装置です．これは温度自動膨張弁で，冷媒液を弁の狭いところを通過させて圧力降下を起こさせる機能と，冷凍負荷に応じて冷媒流量を制御する機能の両方をもちます．

蒸発器は，低温低圧の冷媒液と水や空気を熱交換して，水や空気を冷却する熱交換器です．ここでは，冷媒液が水や空気と熱交換して受熱し，蒸発して冷媒ガスになります．冷媒液は気化して冷媒ガスになるので，潜熱移動をすることから冷媒の温度は変化しません．

Section 8 冷媒の状態と線図

● *p-h* 線図
　冷媒の状態を，横軸に比エンタルピー，縦軸に絶対圧力で表した線図です．モリエ線図ともいいます．

● 比エンタルピー
　冷媒 1〔kg〕当たりの熱量を表した物理量で，単位は〔kJ/kg〕です．

● 絶対圧力
　真空状態から測った圧力です．ゲージ圧力に大気圧を加えたものになります．

● ゲージ圧力
　大気圧を基準とした圧力をいいます．

● 大気圧
　真空を基準とした，大気が示す圧力のことです．標準大気圧は，1013.25〔hPa〕です．

例題

次の中で間違っているものはどれか．

イ．*p-h* 線図は，横軸に冷媒の比エンタルピー，縦軸に絶対圧力を示している．

ロ．*p-h* 線図は，横軸に冷媒の絶対圧力，縦軸に比エンタルピーを示している．

ハ．比エンタルピーは，冷媒 1〔kg〕当たりの熱量を表し，単位は〔kJ〕である．

ニ．比エンタルピーは，冷媒 1〔kg〕当たりの熱量を表し，単位は〔kJ/kg〕である．

(1) イ，ロ　　(2) イ，ハ　　(3) ロ，ハ
(4) ハ，ニ　　(5) ロ，ニ

■ 解答 (3)

解 説

イ．○　p–h 線図は，横軸に冷媒の比エンタルピー，縦軸に絶対圧力を示します．

ロ．×　イの通り，p–h 線図は横軸に冷媒の比エンタルピー，縦軸に絶対圧力を示します．

ハ．×　比エンタルピーは，冷媒 1〔kg〕当たりの熱量を表しているので，単位は〔kJ/kg〕となります．

ニ．○　ハの通り，比エンタルピーの単位は〔kJ/kg〕となります．

したがって，ロとハが間違っているので，正解は(3)です．

●飽和液線
冷媒の状態がちょうど全部液体になったときの状態線です．これより比エンタルピーが大きくなると液体と気体の混合状態になり，小さくなると過冷却状態になります．

●乾き飽和蒸気線
冷媒の状態がちょうど全部気体になったときの状態線です．これより比エンタルピーが小さくなると液体と気体の混合状態になり，大きくなると過熱蒸気になります．

●臨界点
飽和液線と乾き飽和蒸気線の交点で，冷媒が凝縮液化するぎりぎりの点です．このときの温度を臨界温度といいます．通常は，冷媒を臨界点より下の状態で使用します．

●乾き度
冷媒の質量のうち，気体である比率をいいます．したがって，飽和液線上では乾き度は0，乾き飽和蒸気線上では乾き度は1になります．

要点項目

冷媒の状態線図

ここでは，冷媒の状態と $p-h$ 線図について学びます．

冷媒の状態線図を図8-1に示します．Section 7で学んだように，冷凍装置では，冷媒を液体と気体という2種類の状態変化をさせて，熱移動を行います．冷媒の**比エンタルピー（熱量）を横軸**に，**絶対圧力を縦軸**に表した状態線図を $p-h$ **線図**または**モリエ線図**といいます．

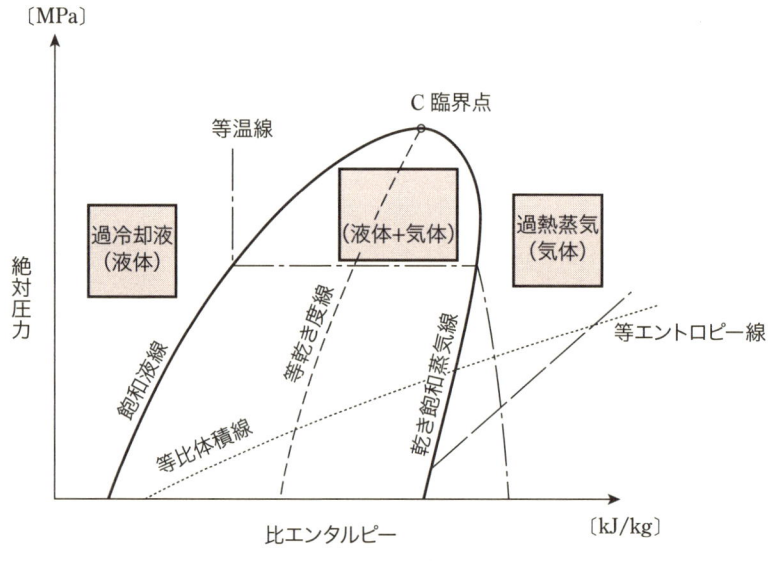

図8-1 冷媒の状態線図（$p-h$ 線図）

$p-h$ 線図は，冷媒の状態変化を調べるのに便利です．冷媒が圧縮機→凝縮器→膨張弁→蒸発器→圧縮機と循環して状態変化する様子が熱力学的に把握できます．冷媒の絶対圧力と比エンタルピーだけでなく，温度，比体積，乾き度，エントロピーなどを知ることもできます．この線図を使用すれば，冷凍装置の成績係数（効率）を計算することも可能です．

臨界点から左下に向かう曲線が**飽和液線**です．この線上では，冷媒がすべて液体になった状態です．飽和液線より左側の領域では，冷媒は過冷却液の状態になります．臨界点から右下に向かう曲線は**乾き飽和蒸気線**です．この線上では，冷媒がすべて気体になった状態です．臨界点における冷媒の温度を**臨界温度**といいますが，臨界温度より温度が高い状態では冷媒は凝縮液化しません．

　乾き飽和蒸気線より右の領域では，冷媒は過熱蒸気（気体）の状態です．飽和液線と乾き飽和蒸気線に囲まれた領域では，冷媒は液体と気体の混合状態で，湿り飽和蒸気といいます．臨界点から下方に伸びた破線（－－－－）は等乾き度線で，冷媒の質量に占める気体の比率，すなわち乾き度が一定の線です．乾き飽和蒸気線上では乾き度は1で，飽和液線上では乾き度は0です．

　また，右上がりの点線は（……………）等比体積線で，単位質量当たりの体積（密度の逆数）が等しい状態を示します．

　等温線は一点鎖線（—・—・）で示されています．湿り飽和蒸気の状態では，等温線は横軸と水平です．すなわち，冷媒は凝縮器や蒸発器内部では等圧状態で乾き度を変化させながら等温変化をすることになります．言い換えれば，冷媒のエンタルピー変化は潜熱変化にのみ寄与するので，冷媒の顕熱変化は生じず，温度は変わらないということです．

　そして，右上がりの長破線（—— ——）は等エントロピー線で，熱力学的な物理量のひとつであるエントロピーが等しい状態を表します．これは圧縮機で冷媒が断熱圧縮をしたときに冷媒が変化する方向を示します．断熱圧縮とは，圧縮機で冷媒が圧縮されるときに冷媒と圧縮機外部との間に熱の出入りがないときの冷媒の変化です．

　エントロピーとエンタルピーは言葉が似ていますので，間違えないでください．

Section 9 冷凍サイクル

● 冷凍サイクル

　冷媒が冷凍装置において，圧縮機→凝縮器→膨張弁→蒸発器→圧縮機と循環して状態変化することをいいます．

例題

次の中で間違っているものはどれか．

イ．圧縮機で冷媒蒸気を断熱圧縮すると，圧力と温度は上昇する．

ロ．圧縮機が湿り蒸気を吸い込む場合，その圧力と比エンタルピーを測定すれば吸込み蒸気の比体積，温度が求められる．

ハ．1〔kg〕の飽和液をすべて乾き飽和蒸気にするのに必要な熱を顕熱という．

ニ．冷媒液の蒸発圧力は臨界点の圧力より高い．

(1) イ，ロ　　(2) イ，ニ　　(3) ロ，ハ
(4) ハ，ニ　　(5) イ，ロ，ハ

解答 (4)

解　説

イ．○　圧縮機で冷媒蒸気を断熱圧縮すると，圧力と温度は上昇します．

ロ．○　圧縮機が湿り蒸気を吸い込む場合は，その圧力と比エンタルピーを測定すれば吸込み蒸気の比体積，温度が求められます．

ハ．×　1〔kg〕の飽和液をすべて乾き飽和蒸気にするのに必要な熱を蒸発潜熱といいます．

ニ．×　臨界点の圧力より高いところでは，冷媒は凝縮液化しません．

　したがって，ハとニが間違っているので，正解は(4)です．

●比体積
　単位質量の気体が示す体積のことです．

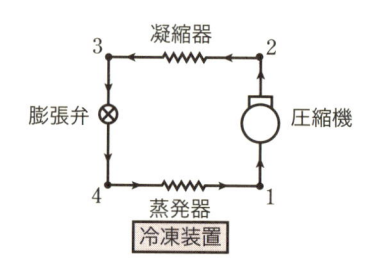

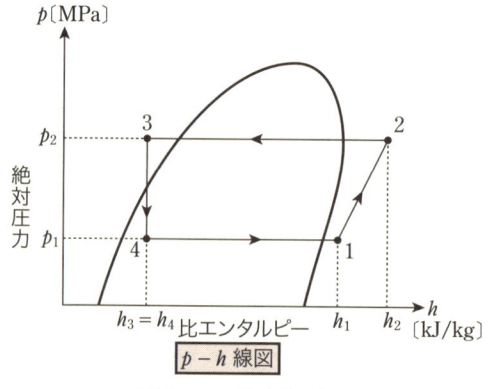

要点項目

冷凍サイクル

　ここでは，冷凍サイクルについて学びます．Section 8 で学んだ p–h 線図に，冷凍装置における冷媒の状態変化，すなわち冷凍サイクルを示します．冷媒は圧縮機→凝縮器→膨張弁→蒸発器→圧縮機と循環して状態変化しますが，この冷媒循環を冷凍サイクルといいます．p–h 線図上で冷媒の状態変化量を読み取ると，定量的な評価ができます．冷凍装置の運転条件を変えると，どのように成績係数が変化するかということもわかります．

　冷凍サイクルを図 9 − 1 に示します．冷凍装置の冷媒の流れと p–h 線図の状態変化を比較してください．

図 9 − 1　冷凍サイクル

1→2：圧縮機で冷媒蒸気が断熱圧縮されて，高温高圧の気体になります．

2→3：凝縮器で冷媒蒸気が放熱されて，低温高圧の冷媒液になります．

3→4：膨張弁で冷媒液が減圧されて，低温低圧の気液混合状態になります．

4→1：蒸発器で冷媒が吸熱して，高温低圧の気体になります．

冷凍サイクルで機械的仕事が与えられるのは，1→2の圧縮機の部分のみです．圧縮機で冷媒に機械的仕事が与えられて，冷媒の比エンタルピーと絶対圧力は大きくなります．

1→2の冷媒の状態は，過熱蒸気の状態です．

2→3の凝縮器では，冷却水または外気によって冷媒蒸気の熱が放熱され，凝縮液化されます．ここでは，冷媒から熱が奪われるので，冷媒の比エンタルピーは小さくなりますが，絶対圧力は変化しません．凝縮器を出た3の状態では，冷媒は過冷却液の状態です．

3→4の膨張弁では，冷媒液に圧力降下が生じることにより，冷媒液が低温低圧の状態になります．膨張弁を出た4の状態では，冷媒は湿り飽和蒸気の状態です．冷媒の絶対圧力は小さくなりますが，比エンタルピーは変化しません．

4→1の蒸発器では，凝縮器とは熱的に逆の変化を生じます．冷媒は水や空気と熱交換をして熱を吸収するので，絶対圧力は変化しませんが，比エンタルピーは大きくなります．

表9-1 冷凍サイクルにおける冷媒の状態変化

	1→2	2→3	3→4	4→1
比エンタルピー	↗	↘	→	↗
圧　　　力	↗	→	↘	→
冷媒の状態	過熱蒸気 ↓ 高温高圧の過熱蒸気	高温高圧の過熱蒸気 ↓ 湿り蒸気 ↓ 過冷却液	過冷却液 ↓ 湿り蒸気	湿り蒸気 ↓ 過熱蒸気

Section 10 冷凍装置の成績係数

●成績係数

冷凍装置の効率のことで，蒸発器の冷却能力（出力）と圧縮機の軸動力（入力）の比で算出されます．COP（Coefficient of Performance）ともいいます．

●過冷却度

冷媒液が過冷却になったとき，その状態を過冷却液といいます．過冷却液の温度と同じ圧力の飽和液の温度の差を過冷却度といいます．

例題

次の中で間違っているものはどれか．

イ．凝縮圧力が上昇すると，成績係数は大きくなる．
ロ．膨張弁前の冷媒液の過冷却度が大きくなると，成績係数は小さくなる．
ハ．蒸発圧力が上昇すると，成績係数は大きくなる．
ニ．水冷凝縮器を清掃すると，成績係数は大きくなる．

(1) イ，ロ　　(2) イ，ニ　　(3) ロ，ハ
(4) ハ，ニ　　(5) イ，ロ，ハ

解答 (1)

解説

イ．×　凝縮圧力が上昇すると，圧縮機の軸動力が大きくなるので，成績係数は小さくなります．

ロ．×　膨張弁前の冷媒液の過冷却度が大きくなると，冷却能力が大きくなるので，成績係数は大きくなります．

ハ．○　蒸発圧力が上昇すると，冷却能力当たりの軸動力が小さくなるので，成績係数は大きくなります．

ニ．○　水冷凝縮器を清掃すると，冷却管の熱通過率が向上して凝縮圧力が低下するので，成績係数は大きくなります．

したがって，イとロが間違っているので，正解は(1)です．

要点項目

冷凍装置の成績係数

ここでは，冷凍サイクルにおける冷凍装置の成績係数について学びます．

成績係数は COP（Coefficient of Performance）ともいわれ，冷凍装置の効率のことです．冷凍装置の入力は圧縮機の機械的仕事ですが，p–h 線図の比エンタルピー差から求めることができます．出力は蒸発器の冷却能力で，これも蒸発器出入口の冷媒の比エンタルピー差で求められます．この出力を入力で割った値が，冷凍装置の成績係数，すなわち効率です．一般の機械では，効率は 1 より小さいものですが，蒸気圧縮式冷凍装置では，1 よりずっと大きい成績係数を得ることができます．

冷凍サイクルを図 10–1 に示し，成績係数について説明します．図 10–1 において比エンタルピー差で考えると，蒸発器の冷凍能力は $h_1 - h_4$，圧縮機の軸動力は $h_2 - h_1$ なので，成績係数は，

$$COP = \frac{h_1 - h_4}{h_2 - h_1} \tag{10.1}$$

となります．圧縮機の機械的仕事が小さくて，蒸発器の冷凍効果が大きい方が，成績係数は大きくなります．

図 10–1 で，飽和液温度 t_s と過冷却液温度 t_3 の温度差が**過冷却度**です．また，過熱蒸気温度 t_1 と乾き飽和蒸気温度 t_d の温度差が**過熱度**です．過冷却度が大きい方が冷凍能力が大きくなるので，冷凍装置の成績係数は大きくなりますが，これは凝縮器からの放熱を発生させる冷却水や外気の温度に依存します．そのため，外気温度が高いときは，過冷却度が小さくなるので，成績係数は小さくなり，外気温度が低いときは，過冷却度が大きくなるので，成績係数は大きくなります．

図 10 − 1　冷凍装置の成績係数

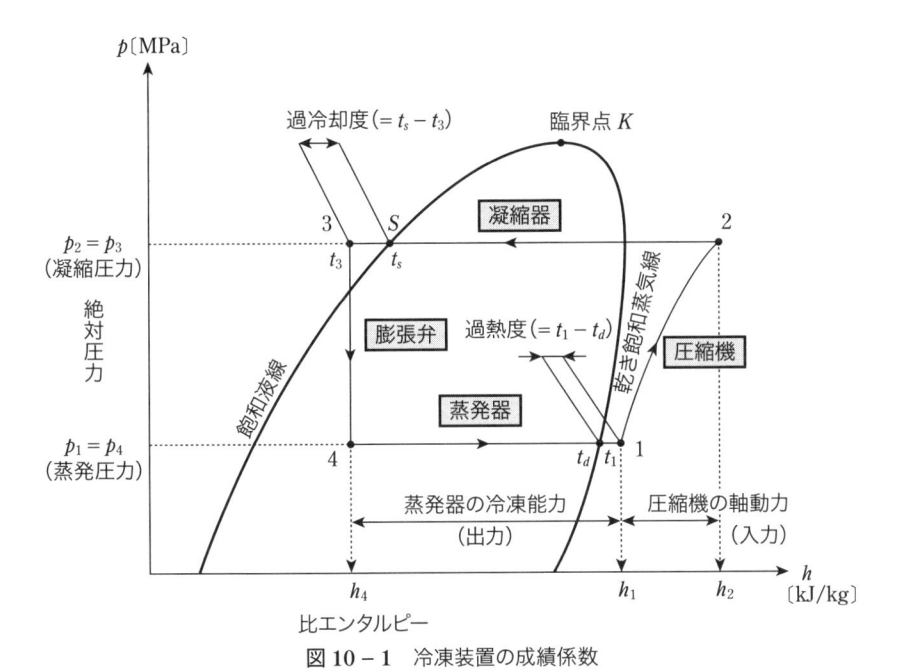

圧縮機が行う機械的仕事 P_{Th} を**理論断熱圧縮動力**といい，冷媒循環量を q_R〔kg/h〕とすると，

$$P_{Th} = q_R(h_2 - h_1) \text{〔kJ/h〕} \tag{10.2}$$

$$= \frac{q_R(h_2 - h_1)}{3\,600} \text{〔kW〕} \tag{10.3}$$

となります．

絶対圧力で表した p_2/p_1 を**圧縮比**といいますが，この圧縮比が大きい方が図 10 − 1 で示す $h_2 - h_1$ が大きくなるので，式（10.2）の理論断熱圧縮動力は大きくなります．

Section 11 ヒートポンプの成績係数

●ヒートポンプ
　冷凍装置において，凝縮器の排熱を暖房や給湯に利用することをいいます．低い温度レベルの熱をくみ上げて，高い温度レベルへ放熱するので，ポンプにたとえて，「ヒートポンプ」と呼びます．

●ヒートポンプの成績係数
　ヒートポンプの効率のことで，凝縮器の排熱（出力）と圧縮機の軸動力（入力）の比で算出されます．

例題

次の中で間違っているものはどれか．
イ．ヒートポンプでは，凝縮器の排熱を利用する．
ロ．ヒートポンプでは，蒸発器の冷却能力を利用する．
ハ．理論ヒートポンプサイクルの成績係数は，理論冷凍サイクルより1だけ小さい値となる．
ニ．理論ヒートポンプサイクルの成績係数は，理論冷凍サイクルより1だけ大きい値となる．

(1) イ，ロ　　(2) イ，ニ　　(3) ロ，ハ
(4) ハ，ニ　　(5) ロ，ニ

解答 (3)

解説

イ．○　ヒートポンプでは，凝縮器の排熱を利用して，暖房や給湯に利用します．

ロ．×　イの通り，ヒートポンプでは，凝縮器の排熱を利用します．

ハ．×　理論ヒートポンプサイクルの成績係数は，凝縮器の排熱を利用するので，理論冷凍サイクルより1だけ大きい値となります．

ニ．○　ハの通り，理論ヒートポンプサイクルの成績係数は，理論冷凍サイクルより1だけ大きい値となります．

したがって，ロとハが間違っているので，正解は(3)です．

要点項目

ヒートポンプの成績係数

ここでは，ヒートポンプの成績係数について学びます．

Section 10 では，冷凍装置の成績係数について理解しました．ヒートポンプは，凝縮器の排熱を水や空気と熱交換して，暖房や給湯に利用する装置です．最近よく宣伝している「エコキュート」もヒートポンプです．

冷凍装置は蒸発器の冷却能力を利用しますが，ヒートポンプでは凝縮器の熱利用をするので，圧縮機の機械仕事の分まで熱に組み込むことができます．なぜ，ヒートポンプの成績係数は，冷凍装置の成績係数より1だけ大きくなるのでしょうか．ここでは，その理由を理解します．

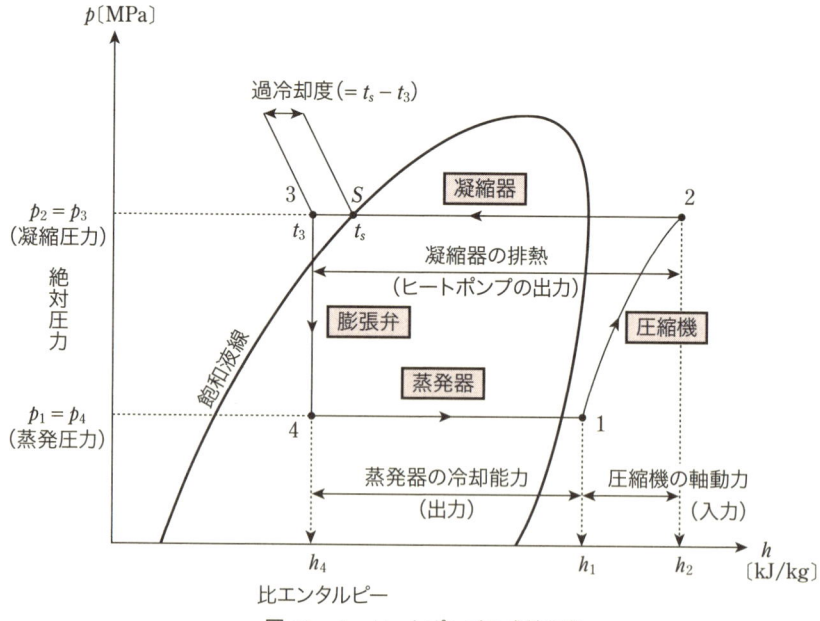

図 11 – 1　ヒートポンプの成績係数

冷凍サイクルを図 11 − 1 に示し，ヒートポンプの成績係数について説明します．Section 10 で学んだように，冷凍装置の成績係数 COP は，蒸発器の冷凍能力と圧縮機の機械的仕事の比ですから，$h_3 = h_4$ なので，

$$COP = \frac{h_1 - h_3}{h_2 - h_1} \tag{11.1}$$

となります．図 11 − 1 で，凝縮器の排熱は $h_2 - h_4$，圧縮機の軸動力は $h_2 - h_1$ なので，ヒートポンプの成績係数を COP_{HP} とすると，

$$COP_{HP} = \frac{h_2 - h_3}{h_2 - h_1}$$

$$= \frac{(h_2 - h_1) + (h_1 - h_3)}{h_2 - h_1}$$

$$= 1 + COP \tag{11.2}$$

となります．したがって，ヒートポンプの成績係数は，冷凍装置の成績係数より理論的には 1 だけ大きくなります．言い換えると，ヒートポンプでは圧縮機の機械的仕事そのものを熱換算して組み込むことができるということです．

冷凍装置では，冷凍サイクルによって室内の熱負荷を外気へ移動しているのですから，蒸発器の熱を利用するか，凝縮器の熱を利用するかで，一般の冷凍装置とヒートポンプの相違になるのです．エアコンでは，冷媒の流路を四方弁で切り替えて，蒸発器と凝縮器の機能を交換してヒートポンプとすることにより，同一の室内機で冷房と暖房を行うことができるのです．

チャレンジ問題

問題 5 次のイ，ロ，ハ，ニの記述のうち，冷凍の原理について正しいものはどれか．

イ．蒸発器では，周囲から熱を吸収して，冷媒液が蒸発する．

ロ．凝縮器では，周囲へ熱を放出して，冷媒ガスが液化する．

ハ．膨張弁では，外部から冷媒への熱の出入りはない．

ニ．圧縮機では，圧縮仕事により，冷媒ガスは冷やされる．

(1) イ，ロ　　(2) イ，ニ　　(3) ハ，ニ
(4) イ，ロ，ハ　(5) ロ，ハ，ニ

問題 6 次のイ，ロ，ハ，ニの記述のうち，冷凍の原理について正しいものはどれか．

イ．圧縮機で冷媒蒸気に動力を加えて圧縮すると，冷媒は圧力と温度の高いガスになる．

ロ．比エンタルピー h は，冷媒 1 〔kg〕の中に含まれるエネルギーであって〔kJ/h〕の単位で表される．

ハ．凝縮器では，冷媒は熱エネルギーを冷却水や外気に放出して，凝縮液化する．

ニ．質量 m〔kg〕，温度 t_1〔℃〕の物質が熱を吸収して温度 t_2〔℃〕になったとすれば，物質の比熱 c〔kJ/(kg·K)〕のとき，吸収した熱量 Q〔kJ〕は，

$$Q = mc(t_2 - t_1)$$

である．

(1) イ，ロ　　(2) イ，ロ，ハ　　(3) イ，ロ，ニ
(4) イ，ハ，ニ　(5) ロ，ハ，ニ

問題 7 次のイ，ロ，ハ，ニの記述のうち，冷媒の状態変化について正しいものはどれか．

イ．圧縮機で冷媒蒸気を断熱圧縮すると，圧力は上昇するが，温度は変わらない．

ロ．圧縮機が湿り蒸気を吸い込む場合，その温度と圧力を測定すれば吸込み蒸気の比体積，比エンタルピーが求められる．

ハ．1〔kg〕の飽和液をすべて乾き飽和蒸気にするのに必要な熱を蒸発潜熱という．

ニ．冷媒液の蒸発圧力は臨界圧力より低い．

(1) イ，ロ　　(2) イ，ニ　　(3) ロ，ハ
(4) ハ，ニ　　(5) イ，ロ，ハ

問題 8 次のイ，ロ，ハ，ニの記述のうち，冷凍装置の成績係数について正しいものはどれか．

イ．膨張弁前の冷媒液の過冷却度が大きくなると，成績係数は大きくなる．

ロ．凝縮圧力が低下すると，成績係数は大きくなる．

ハ．水冷凝縮器の冷却管が汚れると，成績係数は大きくなる．

ニ．蒸発圧力が低下すると，成績係数は大きくなる．

(1) イ，ロ　　(2) イ，ニ　　(3) ロ，ハ
(4) ロ，ニ　　(5) ハ，ニ

問題 9 次のイ，ロ，ハ，ニの記述のうち，成績係数について正しいものはどれか．

イ．冷凍サイクルの成績係数は，運転条件が同じでも，冷媒の種類によって異なる．

ロ．理論ヒートポンプサイクルの成績係数は，理論冷凍サイクルより1だけ大きな値となる．

ハ．実際の装置の成績係数の値は，理論冷凍サイクル

の成績係数の値より大きくなる．

ニ．冷凍サイクルの成績係数は，蒸発圧力が低くなっても，あるいは凝縮圧力が高くなっても大きくなる．

　(1) イ，ロ　　(2) イ，ハ　　(3) ロ，ハ
　(4) ロ，ニ　　(5) ハ，ニ

Part 3

各種機器

　Part 3では，冷凍装置の各種機器について学びます．冷媒は冷凍装置を循環している流体で，低温で蒸発する性質を持ち，水や空気を冷却します．潤滑油は，圧縮機を駆動させるときに必要な油で，圧縮機から吐出した油は冷媒に含まれながら，冷凍装置の中を循環します．冷媒にはいろいろな種類がありますが，フルオロカーボンやアンモニアなどが一般に使用されています．フルオロカーボンは，種類によってはオゾン層破壊の危険性があるので，使用が規制されているものもあります．最近では，炭化水素を冷媒に使用した冷蔵庫もあります．氷蓄熱式空調システムでは，製氷をするのに二次冷媒としてブラインを使用します．

　また，冷凍装置で使用される圧縮機，凝縮器，蒸発器および膨張弁などの機能や特徴について勉強します．

Section 12 冷媒・潤滑油

● フルオロカーボン (Fluorocarbon)
フッ化炭化水素系冷媒の総称で，化学的に安定性が高く，毒性もほとんどなく，優れた冷媒です。特定フロンは，オゾン層を破壊する危険性を持っているので使用が規制されています。

● アンモニア
アンモニアは，液体では油より軽く，気体では空気に対する比重が0.6とかなり軽いです。銅および銅合金に対して腐食性があるので，銅管や黄銅製のバルブは使用できません。

● ブライン
一般に凍結点が0〔℃〕以下の液体をいいます。

● 凍結点
凍結しはじめる温度のことです。

● R22
代替フロン（HCFC）の一種で，分子式は $CHClF_2$ です。

■ 例題

次の中で間違っているものはどれか．

イ．大気中に漏れたフルオロカーボン冷媒ガスは空気より重く，アンモニア冷媒ガスは空気より軽い．
ロ．R22に水分が混入すると，金属を腐食させることがある．
ハ．銅および銅合金に対してアンモニアは腐食性がない．
ニ．フルオロカーボンは温度が低いほど潤滑油に溶けにくくなる．

(1) イ，ロ (2) イ，ニ (3) ロ，ハ
(4) ハ，ニ (5) ロ，ニ

解答 (4)

解 説

イ．○　フルオロカーボン冷媒ガスの空気に対する比重は 2.9〜5.4 で，空気よりかなり重く，アンモニア冷媒ガスの比重は 0.58 で，空気より軽いです．

ロ．○　フルオロカーボンだけでは金属を腐食させませんが，水分が混入すると加水分解して酸性物質を作り，金属を腐食させることがあります．

ハ．×　アンモニアは，銅および銅合金に対して腐食性があります．

ニ．×　フルオロカーボンは，圧力が高いほど，温度が低いほど潤滑油に溶けやすくなります．

したがって，ハとニが間違っているので，正解は(4)です．

●潤滑油

圧縮機の軸受，ピストン，ベーンおよびロータ一等の摺動部の摩耗や焼付を防ぐために使用される潤滑性の高い液体のことです．

●加水分解

反応物と水が反応を起こして，生成物に分解することです．

●間接冷凍方式

冷媒と水や空気を直接熱交換しないで，冷媒でブラインを一次冷却してから，ブラインで水や空気を二次冷却することです．

要点項目

❶冷媒の種類

主な冷媒の特徴を表12−1にまとめて示します．

表12-1 主な冷媒の特徴

冷媒名	R22	R134a	R407C	R404A	アンモニア
分子式	$CHClF_2$	CH_2F-CF_3	R32/125/134a（混合冷媒）	R125/143a/134a（混合冷媒）	NH_3
毒性	弱	弱	弱	弱	有
可燃性	無	無	無	無	有
吐出しガス温度[*1]（℃）	72	56	67	62	116
空気比重（20〔℃〕，1気圧）	2.9	3.5	2.9	3.3	0.58
飽和液の比重（0〔℃〕）	1.18	1.29	1.24	1.15	0.64

*1：凝縮温度50〔℃〕，蒸発温度0〔℃〕，過熱度0〔K〕のとき

　フルオロカーボン（Fluorocarbon）はフッ化炭化水素系冷媒の総称で，化学的に安定性が高く，毒性もほとんどなく，優れた冷媒です．特定フロンは，オゾン層を破壊する危険性を持っているので，**モントリオール議定書**という国際条約によって使用が規制されています．フルオロカーボンの液体は油より重く，気体は空気に対する**比重が2.9〜5.4**で空気よりかなり重いです．フルオロカーボン冷媒だけでは金属を腐食させませんが，水分が混入すると加水分解して酸性物質を作り，金属を腐食させることがあります．冷媒は，圧力が高いほど，温度が低いほど，油に溶け込みやすくなります．複数の単成分冷媒を混合したものを，**混合冷媒**といいます．ちなみに，「フロン」という名称は，アメリカのデュポン社の商品名「フレオン」にちなんで日本で付けられた名称です．

アンモニアは，液体では油より軽く，気体では空気に対する**比重が0.6**とかなり軽いです．銅および銅合金に対して腐食性があるので，銅管や黄銅製のバルブは使用できません．毒性や可燃性がありますが，オゾン層破壊や地球温暖化の影響がないので，欧米では採用が増えています．

ブラインとは一般に凍結点が0〔℃〕以下の液体のことをいいます．塩化カルシウムなどの無機塩類水溶液，エチレングリコールなどの有機化合物の水溶液，メチレンクロライドなどの塩化炭化水素の3種類に分類されます．間接冷凍方式で二次冷媒として使用されます．

❷潤滑油

潤滑油は，圧縮機の可動部分の摩擦抵抗を低減するために用いる油で，冷凍装置に用いる潤滑油を冷凍機油といいます．冷媒と冷凍機油は溶け合って，冷凍装置の内部を循環します．フルオロカーボン冷媒は冷凍機油に容易に溶けます．冬期，冷凍装置停止時にクランクケース内部の冷凍機油に溶けていたフルオロカーボン冷媒が，圧縮機の再起動により気化して，冷凍機油が急激に泡立つことを**オイルフォーミング**といいます．オイルフォーミングが発生すると，潤滑油圧力低下，潤滑不良およびオイルハンマーを起こす危険性があります．これを防止するためには，冷凍装置停止時にクランクケースヒータを作動して，油温を周囲温度よりも上昇させておく必要があります．

Section 13 圧縮機

●圧縮機
　圧縮機は，冷凍装置の中で冷媒ガスを圧縮する機械です．圧縮の方法により容積式と遠心式に大別されます．

●オイルフォーミング
　潤滑油中の冷媒が気化して，油が沸騰したような激しい泡立ちが起こることをいいます．

●クランクケースヒータ
　クランクケース内部の潤滑油を加熱するヒータのことです．

●油上がり
　圧縮機から凝縮器に向かって潤滑油が送り出されることです．

例題

次の中で間違っているものはどれか．

イ．圧縮機は圧縮の方法により，容積式と遠心式に大別され，容積式には往復式，ロータリー式，スクロール式などがある．

ロ．オイルフォーミングを防止するために，冷凍装置停止時にクランクケースヒータで油温を上昇させる．

ハ．圧縮機からの油上がりが多くなると，潤滑油圧力の上昇を招くことがある．

ニ．アンモニア圧縮機では，オイルフォーミングは発生しない．

(1) イ，ロ　　(2) イ，ニ　　(3) ロ，ハ
(4) ハ，ニ　　(5) ロ，ニ

解答　(4)

解　説

イ．○　圧縮機は圧縮の方法により，容積式と遠心式に大別され，容積式には往復式，ロータリー式，スクロール式などがあります．

ロ．○　オイルフォーミングを防止するために，冷凍装置停止時にクランクケースヒータで油温を上昇させ，冷媒液の気化を防止します．

ハ．×　圧縮機からの油上がりが多くなると，潤滑油圧力の低下を招き，オイルフォーミングを起こすことがあります．

ニ．×　アンモニア圧縮機でも，クランクケース内部の油にアンモニアが混入したり，液戻り時にアンモニアが油と混合して，オイルフォーミングが発生したりすることがあります．

したがって，ハとニが間違っているので，正解は(4)です．

●ピストン押しのけ量
　圧縮機のピストン押しのけ量は，往復圧縮機における1時間当たりのピストン移動体積のことで，これによって冷凍装置の能力が決定されます．

●液戻り
　冷媒液が凝縮器側から圧縮機に逆流することです．

要点項目

圧縮機

　ここでは，圧縮機について学びます．圧縮機は冷媒ガスの圧縮方法により，容積式と遠心式に分けられます．圧縮機を正常運転するためには，油圧や油温の管理も欠かせません．

　圧縮機は，冷凍装置の中で冷媒ガスを圧縮する機械ですが，圧縮の方法により容積式と遠心式に大別されます．圧縮機の分類を**表13－1**に示します．圧縮機と電動機が結合されて，ケーシング内部に納められたものを**密閉形圧縮機**といい，電動機がケーシング外部にあるものを**開放形圧縮機**といいます．アンモニア冷媒を用いた冷凍機では，アンモニアが電動機の巻線を腐食させるため，開放形しか使用できません．

　Section 12 で説明したように，潤滑油中の冷媒が気化して，油が沸騰したような激しい泡立ちが起こることを**オイルフォーミング**といいます．フルオロカーボン冷媒を使用した冷凍装置では，圧縮機停止中にクランクケース内部の油温が低いときに，冷媒が油に溶け込む比率が高くなるので，このような現象が発生します．オイルフォーミング現象を避けるために，圧縮機停止中に油温が低下しないよう，**クランクケースヒータ**を用いて油温を上昇させます．

　圧縮機の**ピストン押しのけ量**は，往復圧縮機における1時間当たりのピストン移動体積のことで，これによって冷凍装置の能力が決定されます．ピストン押しのけ量 V は，シリンダ容積と毎分の回転速度によって計算されます．

$$V = 60 \times \frac{\pi D^2}{4} \times L \times N \times n \, [\text{m}^3/\text{h}] \tag{13.1}$$

　ここで，V：ピストン押しのけ量〔m^3/h〕，D：気筒径〔m〕，L：ピストン行程〔m〕，N：気筒数，n：毎分の回転速度〔min^{-1}〕です．

表 13-1 圧縮機の分類

区分		形態	密閉構造	容量範囲 [kW]	主な用途	特徴 等
容積式	往復式	ピストン・クランク式	開放	0.4～120	冷凍, ヒートポンプ, カーエアコン	使いやすい 機種豊富 大容量に不適
			半密閉	0.75～45	冷凍, エアコン, ヒートポンプ	
			全密閉	0.1～15	電気冷蔵庫 エアコン	
		ピストン・斜板式	開放	0.75～2.2	カーエアコン	カーエアコン専用
	ロータリー式	回転ピストン式	開放	0.75～2.2	カーエアコン	
			全密閉	0.1～5.5	電気冷蔵庫 エアコン	小容量 高速化
		ロータリーベーン式	開放	0.75～2.2	カーエアコン	
			全密閉	0.6～5.5	電気冷蔵庫 エアコン	小容量 高速化
		スクロール式	開放	0.75～2.2	カーエアコン	
			全密閉	0.75～7.5	エアコン	小容量 高速化
	スクリュー式	ツインロータ	開放	～6	バスエアコン	遠心式に比べて高圧縮比に適しているため, ヒートポンプ, 冷凍に用いられる. 密閉化が進む.
			開放	30～1 600	冷凍, 空調 ヒートポンプ	
			密閉	22～300	冷凍, 空調 ヒートポンプ	
		シングルロータ	開放	100～1 100	冷凍, 空調 ヒートポンプ	
			密閉	22～90	冷凍, 空調 ヒートポンプ エアコン	
遠心式		渦巻室 羽根車	開放	90～10 000	冷凍 空調	大容量に適している 高圧縮比には不向き
			密閉			

(㈳日本冷凍空調学会編『SI による初級冷凍受験テキスト』より)

Section 14 凝縮器・冷却塔

●凝縮器
　凝縮器は，圧縮機を出た高温の冷媒ガスの熱を放熱するための熱交換器です．熱交換の方法により，空冷式と水冷式に分けられます．

●凝縮温度
　冷媒が凝縮器で凝縮を始める温度のことです．

●湿球温度
　乾湿球温度計の湿球が示す湿り空気（水蒸気を含んだ空気）の温度のことです．

例題

次の中で間違っているものはどれか．
イ．水冷凝縮器では，凝縮温度は湿球温度に依存する．
ロ．空冷凝縮器では，凝縮温度は湿球温度に依存する．
ハ．水冷凝縮器では，冷却水の流速が小さい方が熱交換効率が高い．
ニ．水冷凝縮器では，冷却水の流速が大きい方が熱交換効率が高い．

(1) イ，ロ　　(2) イ，ニ　　(3) ロ，ハ
(4) ハ，ニ　　(5) ロ，ニ

解答 (3)

解説

イ．○　水冷凝縮器では，冷却塔で冷却水の一部を蒸発させて潜熱を奪うため，凝縮温度は湿球温度に依存します．

ロ．×　空冷凝縮器では，大気と直接接触しないため，凝縮温度は湿球温度と関係しません．

ハ．×　水冷凝縮器では，冷却水の管内流速は大きい方が熱交換は良好です．ただし，流速が大きすぎると，配管の腐食の原因となるので，1～3〔m/s〕程度の流速が適当です．

ニ．○　ハの通り，水冷凝縮器では，冷却水の管内流速は大きい方が熱交換は良好です．

したがって，ロとハが間違っているので，正解は(3)です．

●冷却塔
　水冷式凝縮器を使用するときに，冷却水と外気を熱交換して，冷却水から熱を奪う装置です．

要点項目

凝縮器と冷却塔

　ここでは，凝縮器と冷却塔について学びます．

　凝縮器は，圧縮機を出た高温の冷媒ガスから熱を奪い，液化させるための熱交換器です．熱交換の方法により，空冷式と水冷式に分けられます．

　空冷式凝縮器では，冷媒ガスと外気が熱交換しますが，熱交換器を隔てているので，熱交換効率は外気の乾球温度と風速に影響されます．空冷式凝縮器の構造を図14－1に示します．空冷式凝縮器は，家庭用やビル用のエアコンの室外機として用いられているものです．

　空冷式凝縮器は，冷媒が流れるチューブの外側に，アルミニウムで作られた薄板（フィン）を2～3〔mm〕ピッチで平行に並べた**プレートフィン熱交換器**です．空冷式凝縮器に流入するときの空気の流速を**前面風速**といいますが，前面風速が大きすぎると，通風抵抗と騒音が大きくなり，前面風速が小さすぎると，熱交換効率が低下します．そのため，前面風速は0.5～3〔m/s〕程度とします．

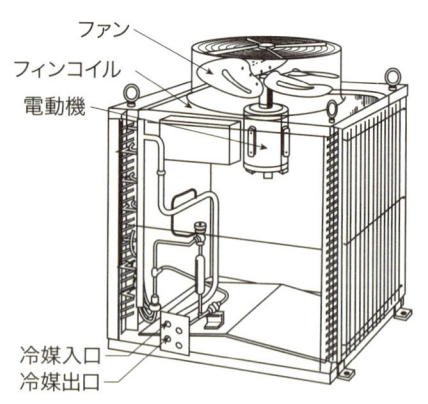

(社)日本冷凍空調学会編『SIによる初級冷凍受験テキスト』より

図14－1　空冷式凝縮器の構造

冷却塔は水冷式凝縮器を使用するときに，冷却水と外気を熱交換して，冷却水から熱を奪う装置です．

開放式冷却塔では，ノズルから冷却水を噴霧して，ファンで通風することにより，冷却水の一部が蒸発して，冷却水から蒸発潜熱を奪います．冷却水出口温度と外気湿球温度の差を**アプローチ**といい，一般には5〔℃〕にとります．また，冷却水出入口温度差をレンジといい，これも一般に5〔℃〕（37 → 32〔℃〕）にとります．

密閉式冷却塔では，冷却水は密閉されたコイル内部を通過し，コイルの外側に水を循環散布して冷却水を冷却します．そのため，冷却塔の能力および水冷式凝縮器の凝縮温度は，外気の湿球温度に影響されます．

開放式冷却塔の構造を図14 − 2に示します．開放式冷却塔では，内部の水と空気の接触方向により，向流型と直交流型に分類されます．**向流型冷却塔**では，冷却水は上方から下方へ，空気は下方から上方へ流れて接触します．**直交流型冷却塔**では，冷却水は上方から下方へ，空気は水平に流れて接触します．冷却水と空気の接触面積を増やして熱交換効率を高めるために，冷却塔内部に樹脂製の薄板で作った充てん材を納めます．冷却水温度は微生物の繁殖に適する温度なので，特に開放式冷却塔では藻やレジオネラ属菌が繁殖しないように水質管理をする必要があります．

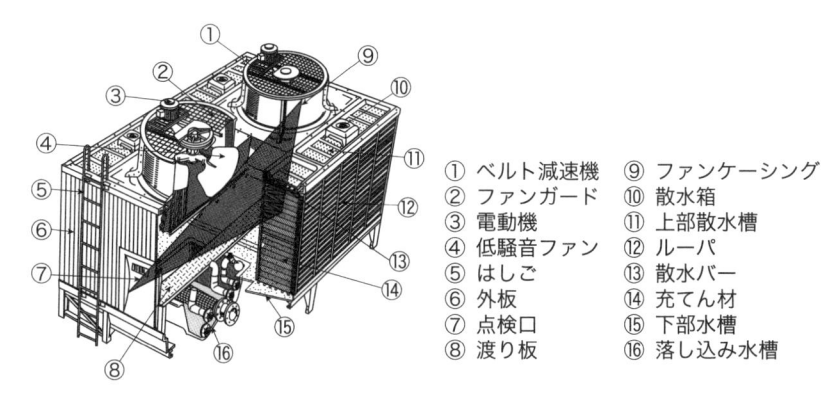

① ベルト減速機　⑨ ファンケーシング
② ファンガード　⑩ 散水箱
③ 電動機　⑪ 上部散水槽
④ 低騒音ファン　⑫ ルーパ
⑤ はしご　⑬ 散水バー
⑥ 外板　⑭ 充てん材
⑦ 点検口　⑮ 下部水槽
⑧ 渡り板　⑯ 落し込み水槽

（㈳空気調和・衛生工学会編『空気調和・衛生工学便覧　第13版　第2巻』より）

図14−2　開放式冷却塔の構造

Section 15 蒸発器

●蒸発器
蒸発器は，膨張弁を出た気液混合状態の冷媒で空気や水を冷却するための熱交換器です．蒸発器には，乾式，満液式および液強制循環式があります．

●ディストリビュータ
大容量の乾式蒸発器には，複数の伝熱管があるので，これらの管に均一に冷媒を流すために，蒸発器の入口側に分配器を設置します．この分配器をディストリビュータといいます．

●サーモスタット
設定温度で作動する自動制御機器のことです．

例題

次の中で間違っているものはどれか．

イ．容量の大きい乾式蒸発器では，蒸発器の出口側にディストリビュータ（分配器）を取り付ける．

ロ．ディストリビュータ（分配器）を用いた大容量の乾式蒸発器の冷媒制御には，内部均圧形の温度自動膨張弁を使用する．

ハ．空気冷却用蒸発器の風量を小さくし過ぎると，蒸発温度が上昇する．

ニ．水冷却器では，凍結防止のためにサーモスタットで冷凍装置の運転を停止したり，蒸発圧力調整弁で蒸発圧力が設定値よりも下がりすぎたりしないように制御する．

(1) イ，ロ　　(2) イ，ニ　　(3) ロ，ハ
(4) ハ，ニ　　(5) ロ，ニ

解答 (3)

解　説

イ．○　容量の大きい乾式蒸発器では，蒸発器の出口側にディストリビュータ（分配器）を取り付けます．

ロ．×　ディストリビュータ（分配器）を用いた大容量の乾式蒸発器の冷媒制御には，外部均圧形の温度自動膨張弁を使用します．

ハ．×　空気冷却用蒸発器の風量を小さくし過ぎると，熱交換が悪くなるので蒸発温度が低下します．

ニ．○　水冷却器では，凍結防止のためにサーモスタットで冷凍装置の運転を停止したり，蒸発圧力調整弁で蒸発圧力が設定値よりも下がりすぎたりしないように制御します．

したがって，ロとハが間違っているので，正解は(3)です．

●**デフロスト**

　プレートフィンコイル蒸発器のフィンに着霜が発生すると，蒸発器の熱交換効率が低下し，冷凍装置の成績係数が低下します．これを防止するために，着霜した蒸発器から霜を除去することを，除霜または**デフロスト**といいます．

要点項目

蒸発器

　ここでは，蒸発器について学びます．

　蒸発器は，膨張弁を出た気液混合状態の冷媒と空気や水を熱交換して，冷却するための熱交換器です．蒸発器には，乾式，満液式および液強制循環式があります．冷媒は蒸発しながら潜熱交換をして，空気や水を冷却します．このときの冷媒の温度を**蒸発温度**といい，この温度は一定です．

　乾式蒸発器では，冷媒は飽和液と飽和蒸気が混合した状態で水や空気と熱交換して，飽和液が蒸発して飽和蒸気になり，過熱蒸気の状態で蒸発管から流出します．乾式蒸発器には，空冷式凝縮器と同じプレートフィン型と，水やブラインを冷却するためのシェルアンドチューブ型があります．大容量の乾式蒸発器には，複数の伝熱管があるので，これらの管に均一に冷媒を流すために，蒸発器の入口側に分配器を設置します．この分配器を**ディストリビュータ**といいます．ディストリビュータには冷媒の流れに対して圧力降下の大きいものがあり，この場合冷媒の過熱度を適当に制御するために，外部均圧形自動膨張弁を使用するのが適切です．膨張弁の構造については，Section 16で学びます．

　満液式蒸発器では，蒸発器に流入する冷媒は乾式と同様に飽和液と飽和蒸気が混合した状態ですが，液から分離した蒸気のみが圧縮機に吸入され，冷媒液は蒸発器内部に滞留します．そのため，蒸発器に流入した油が圧縮機に戻りにくいので，油戻し装置が必要です．

　液強制循環式蒸発器では，低圧受液器から蒸発量より過大な冷媒液を冷媒液ポンプで強制的に蒸発器に供給し，飽和蒸気と冷媒液を低圧受液器へ返します．

プレートフィンコイル蒸発器のフィンに着霜が発生すると，
① フィンの隙間が狭くなって風量が減少する
② 霜が付くことによって，熱伝導率が小さくなる

ことから，蒸発器の熱交換効率が低下し，冷凍装置の成績係数が低下します．これを防止するために，着霜した蒸発器から霜を除去することを，除霜または**デフロスト**といいます．デフロストの方法には，主として次の方法があります．

① 散水法

$10 \sim 25$〔℃〕の水を蒸発器に散水して除霜する方法です．水温が低いと除霜効果が小さく，水温が高いと散布水が霧状になって再着霜する恐れがあります．

② ホットガス法

圧縮機を出た高温の冷媒ガスを蒸発器に通し，冷媒ガスの顕熱と凝縮時の潜熱によって除霜する方法です．

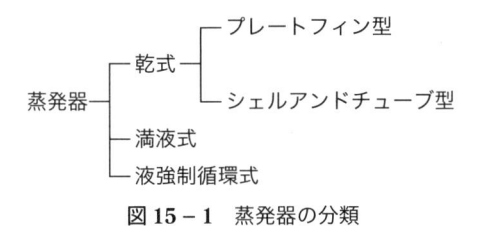

```
                ┌─ プレートフィン型
         ┌─ 乾式 ─┤
蒸発器 ───┤         └─ シェルアンドチューブ型
         ├─ 満液式
         └─ 液強制循環式
```

図 15-1　蒸発器の分類

Section 16 自動制御機器

●温度自動膨張弁
温度自動膨張弁は，冷媒をチャージした感温筒が配管外部から冷媒温度を検知して，チャージした冷媒の圧力変化によって弁のダイアフラムを作動させることから，弁開度を変化させて冷媒循環量を調節するものです．

●感温筒
温度自動膨張弁で温度を検出する部分のことです．

例題

次のイ，ロ，ハ，ニの記述のうち，自動制御機器について正しいものはどれか．

イ．膨張弁から蒸発器出口にいたるまでの圧力降下が大きい装置には，内部均圧形温度自動膨張弁を使用する．

ロ．感温筒にチャージされている冷媒が漏れると，膨張弁は大きく開く．

ハ．圧縮機の給油圧力とは，油圧とクランクケース内圧力との間の圧力差である．

ニ．断水リレーとは，水冷凝縮器や水冷却器で断水，または循環水量が大きく低下したとき，電気回路を遮断して圧縮機を停止させたり，警報を出したりする保護装置である．

(1) イ，ロ　(2) イ，ニ　(3) ロ，ハ
(4) ロ，ニ　(5) ハ，ニ

解答 (5)

解説

イ．× 内部均圧形温度自動膨張弁は，蒸発器における冷媒の圧力降下が大きいときは，誤差が生じて過熱度制御が正確に行えないので，外部均圧形温度自動膨張弁容量を使用します．

ロ．× 感温筒にチャージ（封入）されている冷媒が漏れると，チャージ圧力が低下してダイアフラムを押す力が小さくなり，膨張弁は閉じてしまいます．

ハ．○ 圧縮機の給油圧力とは，油圧とクランクケース内圧力との間の圧力差です．

ニ．○ 断水リレーには，圧力式と流量式がありますが，流量式では水冷凝縮器や水冷却器で断水，または循環水量が大きく低下したときに，電気回路を遮断して圧縮機を停止させたり，警報を出したりします．

したがって，正しいのはハとニですから，正解は(5)です．

●圧力調整弁

圧力調整弁は，冷媒圧力を機械的に調整する機構をもつ弁です．

●過熱度

過熱蒸気温度と飽和蒸気温度の差のことです．

要点項目

自動制御機器

　ここでは，自動制御機器について学びます．

　冷凍装置は最大負荷で運転されるだけでなく，季節や時間帯などによって負荷変動を起こすため，部分負荷運転に対応しなくてはなりません．そこで，過熱度を一定に保つように冷媒流量を調節するための自動膨張弁，凝縮圧力や蒸発圧力を調節するための圧力調整弁，保安のための圧力スイッチやリレーなどの**自動制御機器**が必要になります．

　冷凍サイクルの中で膨張弁は，膨張弁を出た気液混合状態の高圧の冷媒に圧力降下を起こして低圧にして膨張させる働きをもっています．しかし，冷凍負荷は変動するので，この負荷変動に応じて冷媒循環量を制御する必要があります．そこで，蒸発器出口の冷媒の過熱度を 5～8〔K〕に制御するために，乾式蒸発器では**温度自動膨張弁**を使用します．温度自動膨張弁は，冷媒をチャージした感温筒が配管外部から冷媒温度を検知して，チャージした冷媒の圧力変化によって弁のダイアフラムを作動させることから，弁開度を変化させて冷媒循環量を調節するものです．このような作動原理によって，温度自動膨張弁は蒸発器出口の冷媒の過熱度が一定になるように，冷媒流量を制御します．このとき，蒸発圧力の伝達方法により，内部均圧形と外部均圧形の2種類があります．図 16 − 1 に温度自動膨張弁の作動原理を示します．いずれの方式でもダイアフラムの上面には，感温筒にチャージされた冷媒の圧力がかかります．**内部均圧形温度自動膨張弁**では，ダイアフラムの下面に蒸発器入口の冷媒圧力が伝達され，**外部均圧形温度自動膨張弁**では，ダイアフラムの下面に蒸発器出口の圧縮機吸込み管の冷媒圧力が伝達されます．

　圧力調整弁は，冷媒圧力を機械的に調整する機構を持つ弁です．低圧側では，蒸発圧力調整弁と吸入圧力調整弁があり，高圧側では凝縮

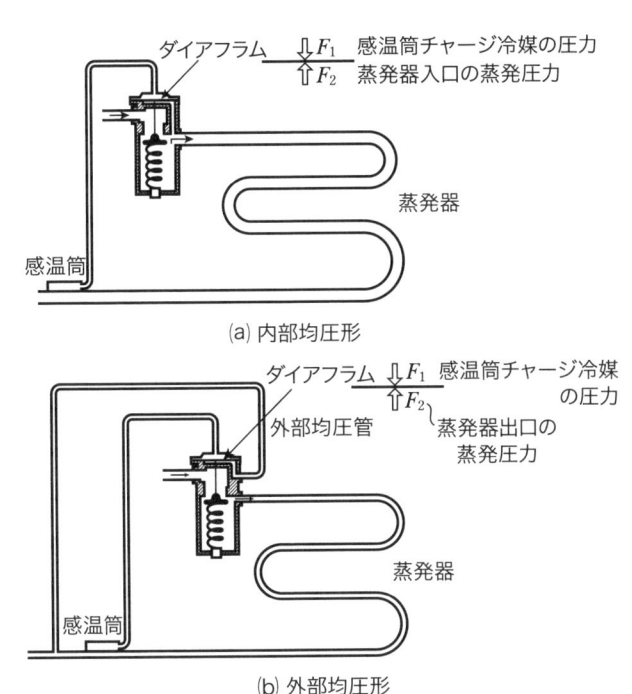

図 16 - 1 の (a) 内部均圧形：ダイアフラム、F_1 感温筒チャージ冷媒の圧力、F_2 蒸発器入口の蒸発圧力、蒸発器、感温筒

(b) 外部均圧形：ダイアフラム、F_1 感温筒チャージ冷媒の圧力、F_2 蒸発器出口の蒸発圧力、外部均圧管、蒸発器、感温筒

図 16 - 1　温度自動膨張弁の作動原理

圧力調整弁があります．蒸発圧力調整弁は，蒸発器の出口側に取り付けて，蒸発器の冷媒の蒸発圧力が設定圧力以下に下がるのを防止する目的で使用します．吸入圧力調整弁は，圧縮機の吸込み配管に取り付けて，圧縮機の吸込み圧力が設定圧力以上になるのを防止します．凝縮圧力調整弁は，凝縮器出口に取り付けて，冬季に凝縮圧力が低下して，冷媒流量が不足しないように調整します．

　圧力スイッチは，冷媒の圧力変動を検出して，電気回路の接点を開閉する自動制御装置および安全装置です．圧縮機の吸込み圧力低下や吐出し圧力上昇に対する保護回路として機能したり，空冷式凝縮器の送風機が凝縮圧力設定値によって起動停止するように制御します．

　断水リレーは，水冷式凝縮器および水冷却器で，断水が発生したり，循環水量が不足したときに，保護回路として機能し，圧縮機を停止したり，異常警報を出力したりする装置です．特に，水冷却器では，断水になるとチューブ内部の水が凍結して，コイルが破裂する危険性があるので，断水リレーが不可欠です．

Section 17 付属機器

●受液器
　冷媒液をためておく装置で，高圧受液器と低圧受液器があります．

●油分離器
　圧縮機の吐出し管に取り付けて，冷媒ガスと潤滑油を分離し，圧縮機の潤滑油不足を防ぐための装置です．

●液ガス熱交換器
　フルオロカーボン冷凍装置において，凝縮器を出た冷媒液を過冷却にして，圧縮機に吸入される冷媒ガスを適度に過熱する装置です．

●リキッドフィルタ
　冷媒液に含まれる異物を除去するために使用するフィルタです．

例題

次のイ，ロ，ハ，ニの記述のうち，冷凍装置の付属機器について正しいものはどれか．

イ．高圧受液器内に蒸気の空間の余裕を持たせ，運転状態の変動があっても，液化した冷媒が凝縮器に滞留しないようにする．

ロ．アンモニア冷凍装置では，一般に油分離器の下部にたまった冷凍機油（鉱油）を圧縮機に自動的に戻すようにしている．

ハ．フルオロカーボン冷凍装置では，凝縮器を出た冷媒液を過冷却にするとともに，蒸発器内部の冷媒蒸気を適度に過熱するために液ガス熱交換器を使用することがある．

ニ．冷媒液内の冷凍機油を除去するためリキッドフィルタを使用する．

(1) イ，ロ　　(2) イ，ハ　　(3) イ，ニ
(4) ロ，ニ　　(5) ハ，ニ

解答　(2)

解説

イ．○　高圧受液器内に蒸気の空間の余裕を持たせ，運転状態の変動があっても，液化した冷媒が凝縮器に滞留しないようにします．

ロ．×　アンモニア冷凍装置では，吐出しガス温度が高く油が劣化しやすいので，圧縮機に自動的に戻さず，油だめに抜き取るようにします．

ハ．○　フルオロカーボン冷凍装置では，凝縮器を出た冷媒液を液ガス熱交換器で過冷却にし，蒸発器内部の冷媒蒸気を適度に過熱します．

ニ．×　リキッドフィルタは，冷媒液に含まれる異物を除去するために使用します．

したがって，正しいのはイとハですから，正解は(2)です．

要点項目

付属機器

　冷凍装置には，今まで勉強してきた機器以外に受液器などの付属機器があります．これらの付属機器の機能について勉強しましょう．

　冷凍装置で使用される**受液器**には，凝縮器出口側に接続する高圧受液器と，冷媒液強制循環式蒸発器に接続する低圧受液器があります．

　高圧受液器は，横型または立型の圧力容器で，凝縮器の出口側に設置して，運転状態に変動があっても凝縮器内部に冷媒液が滞留しないようにするためのものです．したがって，受液器内部には蒸気の空間に余裕を持たせなくてはなりません．

　低圧受液器は，図17－1のように冷媒液強制循環式蒸発器で，蒸発器に蒸発量より過剰な冷媒を供給し，蒸発器から還流する冷媒液を蓄えるためのものです．

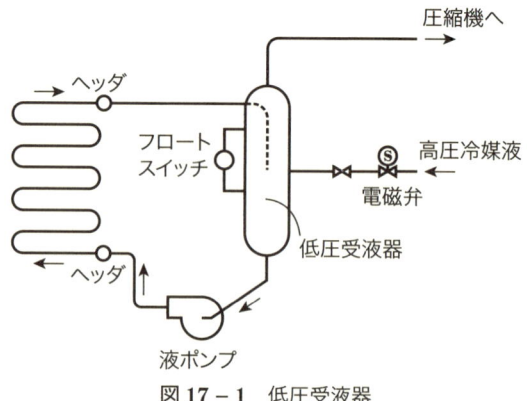

図17－1　低圧受液器

油分離器（オイルセパレータ）は，圧縮機の吐出し管に取り付けて，圧縮機の潤滑不良を防止するために冷媒ガスに混合する潤滑油を分離して，圧縮機のクランクケースに潤滑油を戻す装置です．

　液分離器は，蒸発器と圧縮機の間の吸込み管に取り付けて，冷媒ガスに含まれる冷媒液を分離し，液圧縮を防止することにより，圧縮機を保護する装置です．

　液ガス熱交換器は，フルオロカーボン冷凍装置において，凝縮器を出た冷媒液を過冷却にして，圧縮機に吸入される冷媒ガスを適度に過熱する装置です．この目的は，液管内部でフラッシュガスが発生するのを防ぐことと，圧縮機に冷媒液が吸入されるのを防ぐことです．

　ドライヤは，フルオロカーボン冷凍装置において冷媒液に水分が混入するのを防止するために吸込み管に取り付ける装置で，内部にシリカゲルなどの乾燥剤を納めます．

　リキッドフィルタは，膨張弁の入口に設置して，冷媒液に含まれる異物を取り除く装置です．異物が冷媒に混入すると，膨張弁に詰まったり，圧縮機の可動部を損傷したりする危険性があります．

チャレンジ問題

問題10 次のイ，ロ，ハ，ニの記述のうち，冷媒，潤滑油について正しいものはどれか．

イ．フルオロカーボン冷媒の液は油よりも軽く，装置から漏れた冷媒ガスは空気よりも軽い．

ロ．圧縮機の吐出しガス温度が高いと，潤滑油の変質，パッキン材料の損傷などの不具合が生じる．

ハ．ブラインは，一般に凍結点が0〔℃〕以下の液体で，それの顕熱を利用してものを冷却する媒体のことである．

ニ．アンモニアは，フルオロカーボン冷媒に比べると，圧縮機の吐出しガス温度は低い．

(1) イ，ロ　　(2) イ，ハ　　(3) ロ，ハ
(4) ロ，ニ　　(5) ハ，ニ

問題11 次のイ，ロ，ハ，ニの記述のうち，圧縮機の構造と作用について正しいものはどれか．

イ．圧縮機は圧縮の方法により，容積式と遠心式に大別され，遠心式には往復式，ロータリー式，スクロール式などがある．

ロ．フルオロカーボン冷媒用の圧縮機では，圧縮機停止中のクランクケース内の油温が低いとき，油に冷媒が溶け込む割合は小さい．

ハ．圧縮機からの油上がりが多くなると，凝縮器や蒸発器などの熱交換器での伝熱が悪くなり，冷凍能力が低下する．

ニ．圧縮機が頻繁な始動と停止を繰り返すと，電動機巻線の温度上昇を招き，焼損の恐れがある．

(1) イ, ロ　(2) イ, ハ　(3) ロ, ハ
(4) ロ, ニ　(5) ハ, ニ

問題12　次のイ, ロ, ハ, ニの記述のうち, 凝縮器および冷却塔について正しいものはどれか.

イ. 水冷凝縮器に不凝縮ガスが混入すると, 冷媒側の熱伝達が不良となって, 凝縮圧力が上昇し, 不凝縮ガスの分圧相当分以上に凝縮圧力が高くなる.

ロ. 空冷凝縮器では, 凝縮温度は空気の湿球温度が関係する.

ハ. 冷却塔の性能は, 水温, 水量, 風量および吸込み空気の湿球温度により決まる.

ニ. 水冷凝縮器では, 水あかは凝縮能力に影響するが, 凝縮圧力におよぼす影響はほとんどない.

(1) イ, ロ　(2) イ, ハ　(3) ロ, ハ
(4) ロ, ニ　(5) ハ, ニ

問題13　次のイ, ロ, ハ, ニの記述のうち, 蒸発器について正しいものはどれか.

イ. 冷凍・冷蔵用空気冷却器は, 空調用冷却器よりもフィンピッチの細かい冷却管を使用する.

ロ. シェルアンドチューブ乾式蒸発器では, インナーフィンチューブを用いることが多い.

ハ. 圧力降下の大きいディストリビュータ（分配器）を用いた蒸発器には, 外部均圧形温度自動膨張弁を使用する.

ニ. 着霜した蒸発器から霜を取り除く散水式除霜法の散水温度は, 40〔℃〕以上がよい.

(1) イ, ロ　(2) イ, ハ　(3) ロ, ハ
(4) ロ, ニ　(5) ハ, ニ

問題14 次のイ，ロ，ハ，ニの記述のうち，自動制御機器について正しいものはどれか．

イ．温度自動膨張弁は，高圧の冷媒液を低圧部に絞り膨張させる機能と，冷凍負荷に応じて蒸発器への冷媒流量を調整し，冷凍装置を効率よく運転する役割をもっている．

ロ．蒸発圧力調整弁は蒸発器の出口配管に取り付けて，蒸発器内の冷媒の蒸発圧力が設定値以下に下がるのを防止する目的で用いる．

ハ．吸入圧力調整弁は圧縮機の吸込み配管に取り付けて，吸込み圧力が設定値以下に下がらないように調節する．

ニ．凝縮圧力調整弁は，空冷凝縮器の凝縮圧力が夏季に高くなり過ぎないよう，凝縮器出口に取り付ける．

(1) イ，ロ　(2) イ，ニ　(3) ロ，ハ
(4) ロ，ニ　(5) ハ，ニ

問題15 次のイ，ロ，ハ，ニの記述のうち，付属機器について正しいものはどれか．

イ．高圧受液器は，冷凍装置の修理の際に，その受液器内容積の100〔％〕まで冷媒液を回収してよい．

ロ．低圧受液器は，冷媒液強制循環式冷凍装置で使用され，液面制御，気液分離，液溜めなどの機能を持つ．

ハ．鉱油を使ったアンモニア冷凍装置では，油分離器からクランクケースへの返油は，油が劣化するので自動返油は行わない．

ニ．フルオロカーボン冷凍装置で使用される液ガス熱交換器は，凝縮器からの冷媒液と吸込み蒸気を熱交換させ，圧縮機吸込み蒸気の過熱を防止している．

(1) イ，ロ　(2) イ，ニ　(3) ロ，ハ
(4) ハ，ニ　(5) イ，ハ，ニ

Part 4
冷凍装置とその運用

　Part 4 では，冷凍装置に関連する冷媒配管，圧力容器，各種試験および保守管理について学びます．冷媒配管は冷凍装置の各種機器を接続して冷凍サイクルを構成するもので，配管が正しく施工されていないと冷凍能力が正常に出力されません．冷凍装置にはさまざまな安全装置が装備されています．圧縮機は高圧の冷媒ガスを扱うので，圧力容器として強度設計がされています．冷凍装置を使用する前には圧力試験などのさまざまな試験が必要で，実際に使用するときには適切な保守管理が要ります．

　Part 4 では，冷凍装置を実際に運用するときに必要なさまざまなことを学びましょう．

Section 18　冷媒配管

●フラッシュガス
　凝縮器を出た高圧冷媒液が加熱されたり，圧力低下したりして，気化したガスです．

●均圧管
　凝縮器から受液器に接続する液流下管の流れをよくするために，凝縮器と受液器の圧力バランスを調整する配管です．

■ 例題

次の中で正しいものはどれか．

イ．吐出し管の口径は，冷凍機油を確実に運ぶためのガス速度が確保できるようなサイズにする．

ロ．圧縮機と凝縮器が同じレベル，あるいは凝縮器が圧縮機よりも高い位置にある場合には，圧縮機と凝縮器の間の配管は，いったん立ち上がりを設けてから，ゆるやかな上がりこう配をつける．

ハ．液管内にフラッシュガスが発生すると，膨張弁の冷媒流量が増加して，冷凍能力が増加する．

ニ．凝縮器と受液器の間に均圧管を設け，冷媒液が液流下管内を落下しやすくする．

(1)　イ, ロ　　(2)　イ, ハ　　(3)　イ, ニ
(4)　ロ, ハ　　(5)　ハ, ニ

解答 (3)

解　説

イ．○　吐出し管の口径は，冷凍機油を確実に運ぶために必要な最小限度のガス速度が確保できるようなサイズにします．

ロ．×　冷媒液が圧縮機に戻らないように，いったん立ち上がりを設けてから，ゆるやかな下がりこう配をつけます．

ハ．×　液管内にフラッシュガスが発生すると，膨張弁の冷媒流量が減少して，冷凍能力が低下します．

ニ．○　凝縮器と受液器の間に均圧管を設けて，冷媒液が液流下管内を落下しやすくします．

したがって，イとニが正しいので，正解は(3)です．

●フレア継手

　銅管に使用する継手の一種です．銅管の端部を広げて，オス部に差し込み，フレアナットで締め付けるという接合方法をします．

●ろう付継手

　銅管に使用する継手の一種です．ソケットに銅管を挿入して，それらの間にはんだを溶かし込んで接合します．

要点項目

冷媒配管

ここでは，冷媒配管について勉強します．

冷媒配管は，冷凍装置の各機器を接続して冷媒を円滑に流し，潤滑油が圧縮機へ戻るようにしなくてはなりません．そのため，十分な耐圧および気密性能を持ち，冷媒の種類や使用温度などにより配管材料を選択する必要があります．また，冷媒の圧力損失を小さくするために，曲管部の曲率半径を大きくしたり，止め弁の数をできるだけ少なくしたりします．また，冷媒液が逆流しないように，水平配管では冷媒の流れ方向に下がりこう配をつけます．

配管材料は，冷媒と潤滑油の化学的作用で劣化しないことが求められるので，フルオロカーボン冷凍装置では2〔％〕以上のマグネシウムを含むアルミニウム合金は使用できません．フルオロカーボン冷凍装置の銅配管では，フレア継手またはろう付継手で銅管を接続します．アンモニア冷凍装置では，銅管と銅合金の配管は使用不可です．

圧縮機から凝縮器に向かう配管は，冷媒ガスに混入している潤滑油が輸送され，かつ圧力損失と騒音の問題が発生しないように，水平配管では3.5〜25〔m/s〕，立て管では6〜25〔m/s〕のガス速度になるようにします．圧縮機と凝縮器が同一レベルか，凝縮器が高い位置にあるときは，一度立ち上がってから，下がり勾配をつけて，冷媒液や潤滑油が圧縮機に逆流するのを防ぎます．

凝縮器から受液器に向かう液流下管は余裕のあるサイズにして冷媒液を自然落下させるか，均圧管を取り付けて圧力バランスを調整し，冷媒液を流れやすくします．

受液器から膨張弁に向かう配管は，**フラッシュガス**の発生を防止するために，液管内部の流速を0.5〜1.5〔m/s〕程度にし，液管による圧力損失を20〔kPa〕以下にします．フラッシュガスが発生すると，

膨張弁の冷媒流量が減少して，冷凍能力が低下します．

蒸発器から圧縮機に接続される配管では，圧縮機の吐出し管と同様に，最小負荷時においても冷媒ガスに混入している潤滑油を圧縮機に戻せるようなガス速度を維持できるようにします．

●配管のサイズ

配管のサイズは，もともとイギリスで決められた規格を採用しているため，インチが基準になっています．そのため，1インチの配管は25〔mm〕，2インチが50〔mm〕，3インチが80〔mm〕，4インチが100〔mm〕という具合になっています．このサイズは，配管の内径でも外径でもなく，呼び径という呼称なのです．

たとえば，25〔mm〕の配管用炭素鋼鋼管（JIS G3452）は外径が34.0〔mm〕，厚さが3.2〔mm〕，内径27.6〔mm〕となっていて，25〔mm〕という数値はどこにも出てきません．mmによる呼び径をAで表し，インチによる呼び径をBで表すので，25Aとか，1Bという表現をします．

ところで，冷媒配管で使用する銅管は，普通呼び径で呼ばず，外径寸法で表現します．15Aまたは5/8Bという呼び径ではなく，15.88〔mm〕の配管という具合に表現するのです．

靴のサイズを号数で呼んだり，cmで示したりするのに似ています．

Section 19 冷凍装置の安全装置と保安

●溶栓

　フルオロカーボン冷凍装置の凝縮器，受液器および蒸発器に取り付けるもので，プラグ中央部に低温溶融金属を詰めたものです．

●破裂板

　冷媒の圧力を検知して破裂することにより，圧力上昇を抑える装置です．

●高圧遮断装置

　異常圧力を検知して作動する高圧圧力スイッチで，これが作動すると圧縮機の電源が切れて圧力上昇を抑えます．

●液封

　冷媒液配管やヘッダにおいて，両端が弁で密閉されたときに，周囲からの加熱で冷媒液の圧力が著しく高くなることです．

例題

次の中で正しいものはどれか．

イ．溶栓は，可燃性ガスまたは毒性ガスを冷媒とした冷凍装置に使用できる．

ロ．破裂板は，可燃性ガスまたは毒性ガスを冷媒とした冷凍装置には使用できない．

ハ．高圧遮断装置は，原則として手動復帰式とする．

ニ．液封が起こるおそれのある部分には，圧力逃がし装置を取り付ける．

(1) イ，ハ　　(2) イ，ニ　　(3) ロ，ハ
(4) イ，ハ，ニ　(5) ロ，ハ，ニ

解答 （5）

解　説

イ．×　冷凍保安規則関係例示基準 8.2 により，溶栓は，可燃性ガスまたは毒性ガスを冷媒とした冷凍装置に使用できません．

ロ．○　イと同様に，破裂板は，可燃性ガスまたは毒性ガスを冷媒とした冷凍装置には使用できません．

ハ．○　冷凍保安規則関係例示基準 8.14(3) により，高圧遮断装置は，原則として手動復帰方式とすることが定められています．

ニ．○　液封が起こるおそれのある部分には，圧力逃がし装置を取り付けることになっています．

したがって，ロとハとニが正しいので，正解は(5)です．

●ヘッダ
　配管を複数接続するための円筒形の部分をいいます．

Section 19　冷媒装置の安全装置と保安

要点項目

冷凍装置の安全装置

ここでは，冷凍装置の安全装置について勉強します．

冷凍装置では冷媒ガスや冷媒液を高圧状態で使用するので，高圧ガス保安法，同施行令，冷凍保安規則および関連規則，冷凍保安規則関係基準などの法令で冷凍装置に関する最低限度の保安基準が定められています．

安全弁は，冷凍保安規則関係基準で冷凍能力が20トン以上の圧縮機および内容積500リットル以上の圧力容器に取付けが義務づけられています．圧縮機に取り付ける安全弁の口径は，次式の d_1 以上と定められています．

$$d_1 = C_1 \sqrt{V_1} \tag{19.1}$$

ただし，d_1：安全弁の最小口径〔mm〕
V_1：標準回転速度におけるピストン押しのけ量〔m^3/h〕
C_1：冷媒の種類による定数（冷凍保安規則関係例示基準8.6.1による）

また，圧力容器に取り付ける安全弁または破裂板の口径は次式によります．

$$d_3 = C_3 \sqrt{D \cdot L} \tag{19.2}$$

ただし，d_3：安全弁の最小口径〔mm〕
D：圧力容器の外径〔m〕
L：圧力容器の長さ〔m〕
C_3：冷媒の種類による高圧部，低圧部の定数（冷凍保安規則関係例示基準8.8による）

溶栓は，内容積500リットル未満のフルオロカーボン冷凍装置の凝縮器，受液器および蒸発器に取り付けるもので，プラグ中央部に低温溶融金属を詰めたものです．冷媒の飽和圧力が上昇する前に，飽和温

度の上昇を検知して圧力上昇を防止するように作動します．溶栓の溶融温度は，75〔℃〕以下と規定されています（冷凍保安規則関係例示基準8.15(1)による）．

　破裂板は，冷媒の圧力を検知して破裂することにより，圧力上昇を抑える装置です．溶栓と同様に，作動時は冷媒ガスが大気圧になるまでガスを噴出しますので，可燃性ガスや毒性ガスに使用することはできません（冷凍保安規則関係例示基準8.2による）．

　高圧遮断装置は，異常圧力を検知して作動する高圧圧力スイッチで，これが作動すると圧縮機の電源が切れて圧力上昇を抑えます．高圧遮断装置は，原則として手動復帰式とします（冷凍保安規則関係例示基準8.14(3)による）．

　液封は，冷媒液配管やヘッダにおいて，両端が弁で密閉されたときに，周囲からの加熱で冷媒液の圧力が著しく高くなる現象です．液封により著しい圧力上昇が発生するおそれがある部分で，銅管および外径26〔mm〕未満の配管の部分を除くところには，安全弁，破裂板または圧力逃がし装置を取り付けることが義務づけられています（冷凍保安規則関係例示基準8.2(7)による）．

　冷凍保安規則第7条第1項第十五号で，可燃性ガスまたは毒性ガスの製造施設には，漏えいするガスが滞留するおそれのある場所にガス漏えい検知および警報装置を設置することが規定されています．アンモニアは，可燃性ガスおよび毒性ガスに相当するので，アンモニア冷凍装置を使用する場合には，ガス漏えい検知および警報装置を設置しなくてはなりません．

Section 20 圧力容器の強度

●引張応力
　外力が引張る方向にかかる応力です.

●ゲージ圧力
　大気圧を基準にしたときの圧力です.

●腐れしろ
　圧力容器において，腐食や磨耗が予想される場合，計算厚さに加算される厚さのことです.

例題

次の中で正しいものはどれか.
イ．圧力容器に発生する応力は，一般に引張応力である.
ロ．設計圧力も許容圧力も周囲が大気であるから，ゲージ圧力が使用される.
ハ．圧力容器の円筒胴の長手方向の引張応力は，接線方向の引張応力の2倍である.
ニ．圧力容器の腐れしろは，使用材料の種類によって異なる.

(1)　イ，ハ　　　(2)　イ，ニ　　　(3)　ロ，ハ
(4)　イ，ロ，ニ　(5)　ロ，ハ，ニ

■ 解答 (4)

解　説

イ．○　圧力容器に発生する応力は，円筒胴の接線方向にかかる引張応力です．

ロ．○　高圧ガス保安法第2条で定義されているように，圧力に関してはゲージ圧力が使用されます．

ハ．×　圧力容器の円筒胴の長手方向の引張応力は，接線方向の引張応力の1/2倍です．

ニ．○　圧力容器の腐れしろは，冷凍保安規則関係例示基準23.1.2で規定されているように，使用材料の種類によって異なります．

したがって，イとロとニが正しいので，正解は(4)です．

●安全率
設計値を許容応力の何倍にとるかという倍率のことです．

●鏡板
圧力容器の両端に取り付ける板のことです．円筒形の胴との接合部に応力集中が発生しやすいので，適当な曲率半径をとります．

●応力集中
応力が材料の一部分に集中して加わることをいいます．

要点項目

圧力容器の強度

　ここでは，圧力容器の強度について勉強します．

　材料力学では，固体材料に加えられた断面積当たりの外力を応力といい，引っ張る方向に加えられた応力を**引張応力**，押す方向に加えられた応力を**圧縮応力**と呼びます．応力は断面積当たりの力なので，応力を σ，外力を F〔N〕，断面積を A〔mm²〕とすると $\sigma = F/A$ であり，応力の単位は一般に〔N/mm²〕で表します．

　圧力容器では，高圧の内圧が加わるので，問題になるのは一般に引張応力です．材料に引張応力がかかって，長さ l が $l + \Delta l$ になったとき，$\varepsilon = \Delta l/l$ を**ひずみ**といいます．引張応力とひずみの関係は，**図20-1**の**応力-ひずみ線図**のように表されます．

　点 P は応力とひずみが正比例する限界なので**比例限度**といい，点 E は引張応力を除去するとひずみが0になる弾性の限界なので**弾性限度**といいます．弾性限度の少し上にある点を上降伏点といい，この点以降では材料から応力を取り除いても，ひずみが残ります．下降伏点を過ぎると，応力に対するひずみの大きさが急に大きくなり，点 M で最大応力となります．このときの応力を**引張強さ**といいます．そして，点 Z で材料は破断します．このときの応力を**破断強さ**といいます．

　冷凍装置に使用される材料の記号は JIS（日本工業規格）で次のように定められています．

　　　　FC：ねずみ鋳鉄
　　　　SS：一般構造用圧延鋼材
　　　　SM：溶接構造用圧延鋼材
　　　　SPG：配管用炭素鋼鋼管
　　　　STPG：圧力配管用炭素鋼鋼管

　また，以上の材料記号の次に示される数字は，最小引張強さ〔N/

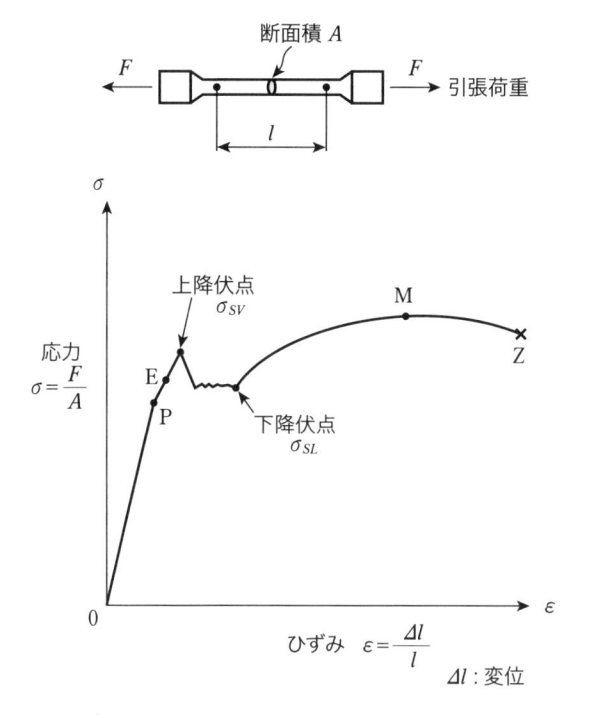

図 20 – 1　応力 – ひずみ線図

mm^2〕を表します．この 1/4 の応力を材料の許容引張応力として設計します．すなわち，**安全率**を 4 倍にとることになります．

　圧力容器の腐れしろは，冷凍保安規則関係例示基準 23.1.2 で規定されているように，使用材料の種類によって異なります．**腐れしろ**とは，圧力容器において，腐食や磨耗が予想される場合，計算厚さに加算される厚さのことです．ステンレス鋼のように，耐腐食性の材料でも腐れしろを取るようになっています．

　圧力容器は，円筒形の胴と鏡板から構成されます．円筒胴に加わる応力には，接線方向の応力と長手方向の応力の 2 種類があります．**図 20 – 2** に圧力容器の円筒胴に加わる応力を示します．圧力容器の内圧を p〔MPa〕=〔N/mm^2〕とすると，円筒胴の長手方向にかかる応力 σ_1 は，鏡板にかかる圧力を円筒胴の部材面積で割った値ですから，次式のようになります．

(a) 接線方向の応力

(b) 長手方向の応力

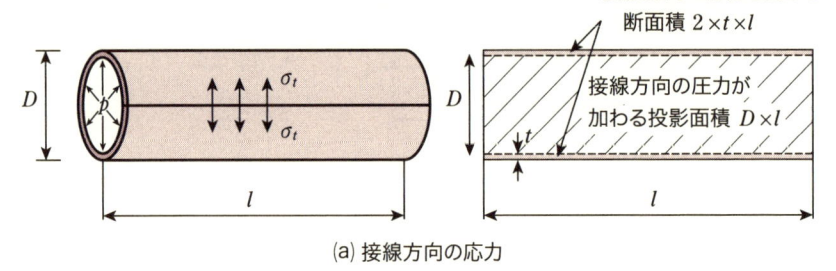

図 20 − 2　圧力容器の円筒胴にかかる応力

$$\sigma_l = \frac{p \cdot \dfrac{\pi D^2}{4}}{\pi D t} = \frac{pD}{4t} \, [\text{N} / \text{mm}^2] \tag{20.1}$$

ここで，D は圧力容器の直径〔m〕，t は円筒胴の肉厚〔m〕とします．また，圧力容器の円筒胴の接線方向の応力 σ_t は，円筒胴の投影面積にかかる圧力 $p \times D \times l$ を円筒胴の長手方向の断面積 $2 \times t \times l$ で割ったものですから，

$$\sigma_t = \frac{pDl}{2tl} = \frac{pD}{2t} \, [\text{N} / \text{mm}^2] \tag{20.2}$$

となります．(20.1) 式と (20.2) 式から，

$$\sigma_t = 2\sigma_l \tag{20.3}$$

という関係，すなわち円筒胴の接線方向の応力は，長手方向の応力の2倍であることがわかります．

円筒胴板の最小厚さ t〔mm〕は，冷凍保安規則関係例示基準 23.2 で次式のように定められています．

$$t = \frac{pD_i}{2\sigma_a\eta - 1.2P} \text{〔mm〕} \tag{20.4}$$

ただし，P は設計圧力〔MPa〕，D_i は胴の内径〔mm〕，σ_a は材料の許容引張応力〔N/mm^2〕，η は溶接継手の効率です．さらに，これに腐れしろを加算します．

鏡板の種類を**図 20 – 3** に示します．**応力集中**が起きにくいように，適当な曲率半径を取ります．

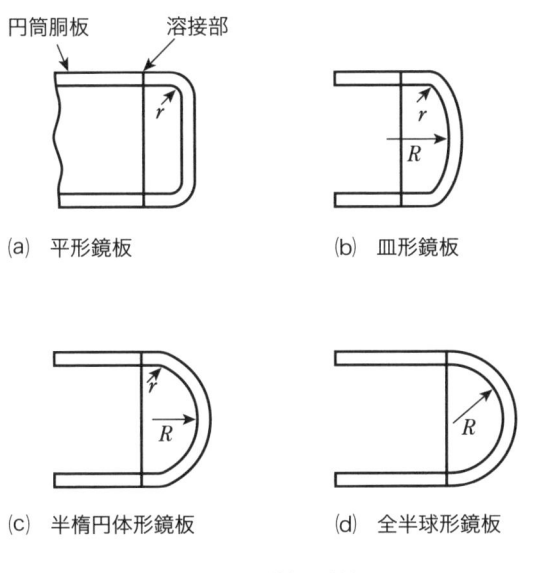

(a) 平形鏡板

(b) 皿形鏡板

(c) 半楕円体形鏡板

(d) 全半球形鏡板

図 20 – 3　鏡板の種類

Section 21 冷凍装置の圧力試験

●耐圧試験
　耐圧強度の確認試験のことで，気密試験の前に行わなくてはいけません．

●気密試験
　気密性能を調べるための試験です．

●真空放置試験
　フルオロカーボン冷凍装置において，真空計を用いて行う試験です．

●連成計
　大気圧以上の圧力と大気圧以下の圧力が計測できる圧力計です．高真空の計測には使用できません．

■ 例題

次の中で正しいものはどれか．

イ．耐圧試験圧力は，設計圧力または許容圧力のいずれか低い方の圧力の 1.25 倍以上の圧力とする．

ロ．一般に空冷凝縮器や空気冷却用蒸発器に用いられるプレートフィンコイル熱交換器は気密試験だけを実施すればよい．

ハ．真空放置試験では，真空圧力の測定には連成計が用いられている．

ニ．真空放置試験は，微量の漏れの有無も確認できる．

(1) イ，ロ　　(2) イ，ハ　　(3) イ，ニ
(4) ロ，ハ　　(5) ロ，ニ

解答　(5)

解説

イ．×　冷凍保安規則関係例示基準5(2)「耐圧試験圧力は，設計圧力または許容圧力のいずれか低い方の圧力の1.5倍以上の圧力とする」と定められています．

ロ．○　一般に空冷凝縮器や空気冷却用蒸発器に用いられるプレートフィンコイル熱交換器は，容器ではないので，気密試験だけを実施すればよいのです．

ハ．×　真空放置試験では，真空圧力の測定には真空計またはマノメータを使用します．

ニ．○　真空放置試験では，微量の漏れの有無も確認できます．

したがって，ロとニが正しいので，正解は(5)です．

●真空計
　真空の程度を計測する計測器です．圧力，熱伝導率，粘性，放電抵抗，分子密度などの動作原理があります．

●マノメータ
　液柱の高さによって圧力を計測する計測器のことです．

要点項目

圧力試験

　ここでは，冷凍装置の圧力試験について勉強します．圧力試験には，耐圧試験，気密試験および真空放置試験があります．

　耐圧試験は，冷凍保安規則第7条で配管以外の部分について実施することが定められています．冷凍保安規則関係例示基準5に，耐圧試験について詳細に規定されています．主な内容は，以下のとおりです．

　(1) 耐圧試験は，圧縮機，冷媒液ポンプ，吸収溶液ポンプ，潤滑油ポンプ，容器および冷媒設備の配管以外の組立品または部品ごとに行う液圧試験です．配管は含まれません．

　(2) 耐圧試験圧力は，設計圧力または許容圧力のいずれかの低い圧力の1.5倍以上の圧力とします．

　(3) 被試験品に液体を満たし，空気を完全に排除してから，液圧を徐々に加えて耐圧試験圧力まで上げ，その最高圧力を1分間保持します．それから，圧力を耐圧試験圧力の8/10まで降下して，被試験品の各部に漏れ，異常な変形，破壊等のないことを確認して合格とします．

　(4) 液圧試験が不可能な被試験品については，ある条件を満たせば，空気，窒素，ヘリウム，不活性なフルオロカーボン，または二酸化炭素の気体による耐圧試験を行うことができます．

　気密試験は，耐圧試験に合格した後に実施します．冷凍保安規則関係例示基準6に，気密試験について詳細に規定されています．主な内容は，以下のとおりです．

　(1) 気密試験は，耐圧試験に合格した容器等の組立品およびこれらを冷媒配管で連結した冷媒設備について行うガス圧試験です．

　(2) 気密試験圧力は，設計圧力または許容圧力のいずれか低い圧力以上の圧力とします．

(3) 気密試験で使用するガスは，空気，窒素，ヘリウム，不活性なフルオロカーボン，または二酸化炭素とします．ただし，アンモニア冷凍装置では，二酸化炭素は使用できません．空気圧縮機で圧縮空気を供給する場合は，空気温度を140〔℃〕以下とします．

(4) 気密試験は，被試験品内部のガスを気密試験圧力に保ってから，水中または外部に塗布した発泡液により，漏れの有無を確認して，漏れのないことで合格とします．

真空放置試験は，法令で規定された試験ではありません．しかし，フルオロカーボン冷凍装置では，耐圧試験と気密試験の後で，真空放置試験を実施して，微量の漏れや水分の侵入を防止する方が好ましいでしょう．

(1) 真空試験では，内部のガスを真空ポンプで抜いて，絶対圧力8〔kPa〕程度の真空にします．

(2) 真空試験には，連成計を使用せず，真空計あるいはマノメータを使用します．

Section 22 冷凍装置の運転状態

●液戻り
　圧縮機に吸入される冷媒ガスに飽和液が混入していることです．

●圧縮比
　吸込み蒸気の絶対圧力と吐出しガスの絶対圧力の比です．

例題

次の中で正しいものはどれか．

イ．運転停止中に，蒸発器に冷媒液が多量に残留していると，圧縮機の再起動時に液戻りが生じやすい．

ロ．圧縮機吸込み圧力が低下すると，吸込み蒸気の比体積が大きくなるので，圧縮機駆動の軸動力は小さくなる．

ハ．圧縮機の吸込み蒸気圧力が低下すると，一定凝縮圧力のもとでは圧縮比は大きくなり，冷凍能力は増加する．

ニ．冷蔵庫のユニットクーラのファン3台のうち1台が停止したとき，圧縮機の吸込み蒸気の過熱度が大きくなる．

(1) イ，ロ　　(2) イ，ハ　　(3) イ，ニ
(4) ロ，ハ　　(5) ロ，ニ

解答 (1)

解説

イ．○　運転停止中に，蒸発器に冷媒液が多量に残留していると，圧縮機の再起動時に蒸発器内部の圧力が低下し，冷媒の蒸発が活発に行われるので，液戻りが生じやすくなります．

ロ．○　圧縮機吸込み圧力が低下すると，吸込み蒸気の比体積が大きくなるので，ピストン押しのけ量当たりの冷媒循環量が低下するので，圧縮機駆動の軸動力は小さくなります．

ハ．×　圧縮機の吸込み蒸気圧力が低下すると，一定凝縮圧力のもとでは圧縮比は大きくなり，冷媒循環量が減少するので冷凍能力は減少します．

ニ．×　冷蔵庫のユニットクーラのファン3台のうち1台が停止したとき，蒸発器の熱交換性能が低下するので，圧縮機の吸込み蒸気は液戻りとなります．

したがって，イとロが正しいので，正解は(1)です．

●ストレーナ
　配管に取り付けて，液体中に含まれる異物を取り除く装置のことです．

●Uトラップ
　横走り管に取り付けるU字形をしたトラップのことです．

要点項目

冷凍装置の運転状態

　ここでは，冷凍装置の運転状態について勉強します．

　まず，冷凍装置の負荷が減少した場合を考えてみます．負荷が減少すると，蒸発器の熱交換量が少なくなるので，蒸発温度が低下します．すると，膨張弁を流れる冷媒流量が減少して，圧縮機の吸込み圧力は低下します．また，蒸発器の熱交換量が減少するので，蒸発器出入口の水または空気の温度差が小さくなります．そのため，凝縮器の負荷が減少して，凝縮圧力が低下します．

　逆に，冷凍装置の負荷が増加した場合，蒸発器の熱交換量が多くなるので，蒸発温度が上昇します．すると，膨張弁を流れる冷媒流量が増加して，圧縮機の吸込み圧力は上昇します．また，蒸発器の熱交換量が増加するので，蒸発器出入口の水または空気の温度差が大きくなります．そのため，凝縮器の負荷が増加して，凝縮圧力が上昇します．

　冷凍装置が正常に作動しているときは，負荷変動に応じて以上のような動作をして，機器の能力と負荷が平衡状態に達します．

　フルオロカーボン冷凍装置の圧縮機では，吐出しガス温度は120〔℃〕程度です．吐出しガス温度が高いと冷凍機油が炭化してしまいます．アンモニア冷凍装置では，圧縮機の吐出しガス温度は同一条件で数十〔℃〕高くなります．

　水冷式凝縮器の出入口温度差は4～6〔℃〕で，凝縮温度は冷却水出口温度より3～5〔℃〕高くなります．空冷式凝縮器では，凝縮温度は外気温度より12～20〔℃〕高くなります．そのため，外気温度が高いと，冷凍装置のCOPは小さくなります．冷蔵倉庫に使用される乾式蒸発器では，蒸発温度は庫内温度より5～12〔℃〕低くします．

　冷凍装置は，冷却水量の不足，冷媒充てん量の過不足およびゴミ詰まりなどによって，不具合を生じることがあります．冷凍装置に不具

合が生じる原因をまとめると，**表22－1**のようになります．これらの因果関係については，テキストを復習しながら，自分で考えてみましょう．

表22－1 冷凍装置の不具合と原因

不具合	原　因
異常高圧	①水冷式凝縮器の冷却水量不足，冷却水温度上昇 ②凝縮器の冷却管の汚れ，ストレーナの詰まり ③不凝縮ガスの混入 ④冷媒の過充てん
異常高温	①圧縮機の吸込み蒸気の過熱度過大 ②膨張弁の水分氷結またはゴミの詰まり ③不凝縮ガスの混入
圧縮機の潤滑不良	①油量不足，油圧不足←油ポンプ故障 ②オイルフォーミング（冷凍機油への冷媒の溶解） ③蒸発器における油戻りの不良
モータの焼損	①高頻度の起動停止 ②過大な冷凍負荷 ③冷媒の充てん量不足
液戻り，液圧縮	①冷凍負荷の急激な増加 ②吸込み配管のUトラップ ③膨張弁の感温筒脱着，膨張弁開度過大 ④蒸発器の冷媒液滞留過剰
冷媒漏れ	①開放型圧縮機のシャフトシール漏れ ②凝縮器の冷却管の腐食 ③配管の腐食，破損，接合部のゆるみ
冷凍能力不足	①冷媒ガスの漏れ，冷媒の充てん量不足 ②蒸発器の水または空気の流量不足，抵抗増加，冷却面汚れ ③冷却面の着霜・着氷 ④膨張弁の氷結またはゴミの詰まり ⑤液管にフラッシュガスが発生
配管の腐食	①水冷凝縮器または水冷却器の流量過剰による流速過大 ②フルオロカーボン冷媒への水の混入

Section 23 冷凍装置の保守管理

●不凝縮ガス
凝縮液に混入している空気などの気体のことです．

例題

次の中で正しいものはどれか．

イ．フルオロカーボン冷凍装置の冷媒系統に水分が侵入すると，低温の状態では膨張弁部に氷結し，冷媒が流れにくくなる．

ロ．アンモニア冷凍装置の冷媒系統に水分が侵入しても少量であれば，障害を引き起こすことはない．

ハ．冷凍装置内に不凝縮ガスが存在している場合，圧縮機を停止し，水冷凝縮器の冷却水を 20～30 分通水しておくと，高圧圧力は冷却水温度に相当する飽和圧力より低くなる．

ニ．冷媒量が不足すると，圧縮機へ液戻りしやすくなる．

(1) イ，ロ　　(2) イ，ハ　　(3) ロ，ハ
(4) ロ，ニ　　(5) ハ，ニ

解答 (1)

解説

イ．○　フルオロカーボン冷凍装置の冷媒系統に水分が侵入すると，膨張弁出口側で氷結し，弁開度が閉塞されるため，冷媒が流れにくくなります．

ロ．○　アンモニア液に水分が侵入しても少量であれば，アンモニア水になるだけで障害を引き起こすことはありません．

ハ．×　冷凍装置内に不凝縮ガスが存在している場合，圧縮機を停止し，水冷凝縮器の冷却水を20～30分通水しておくと，冷媒液にガスが混入しているため，高圧圧力は冷却水温度に相当する飽和圧力より高くなります．

ニ．×　冷媒量が不足すると，冷媒循環量が減少して，蒸発器出口で過熱度が大きくなり，圧縮機の吸込み蒸気は液戻りになりません．

したがって，イとロが正しいので，正解は(1)です．

●メガーチェック

　メガー（絶縁抵抗計）で絶縁抵抗が十分であるかを確認する作業のことです．

●サイトグラス

　配管の途中に設置して，透明なガラス部分から内部の流体の状態を確認するための装置のことです．

要点項目

冷凍装置の保守管理

　ここでは，冷凍装置の保守管理について勉強します．
　Section 22で学んだように，冷凍装置の保守管理は運転状態の理解なしではできません．冷凍装置の運転停止に伴う点検項目を挙げてみます．まず，運転準備に当たって次のことを点検・確認します．
　(1)　圧縮機のクランクケースの油面を点検します．
　(2)　凝縮器と油冷却器の冷却水出入口弁を開にします．
　(3)　各部にある弁の開閉状態を確認します．
　(4)　配管に設置されている電磁弁の動作確認をします．
　(5)　電気系統の結線を点検し，絶縁抵抗をメガーチェックします．
　(6)　電動機の始動状態と回転方向を確認します．
　(7)　圧縮機のクランクケースヒータに通電します．
　(8)　圧力スイッチ，油圧保護圧力スイッチ，冷却水圧力スイッチなどを点検します．
　運転準備が完了したら，冷凍装置を運転します．そして，次のように運転状態の点検と調節を実施します．
　(1)　水冷式凝縮器の場合，冷却水ポンプを起動します．
　(2)　冷却塔を運転します．
　(3)　冷却水配管系統の空気抜きをします．配管最上部にある空気抜き弁を開いて，冷却水系統の空気を抜きます．空気抜きが完了したら，弁を閉じます．
　(4)　蒸発器の送風機または冷水ポンプを運転します．冷水配管系統の空気抜きをします．
　(5)　吐出し側止め弁を全開にして圧縮機を起動します．次に吸込み側止め弁を徐々に開いて全開にします．
　(6)　圧縮機の冷凍機油の油圧を確認して，吸込み圧力より0.15～0.4

〔MPa〕高くなるように調整します．

(7) 運転状態が安定したら，電動機の電圧と電流が定格値以下になっていることを確認します．

(8) 圧縮機のクランクケースの油面を確認します．不足であれば，給油します．

(9) 凝縮器と受液器の液面レベルを確認します．

(10) 液管にサイトグラスがあるときは，フラッシュガスが発生していないか確認する．

(11) 膨張弁の動作を確認する．

(12) 圧縮機の吐出しガス温度を確認します．

(13) 蒸発器に着霜がないか確認します．

冷凍装置の運転を停止するときは，次の操作を実施します．

(1) 手動停止の場合，受液器液出口弁を閉じてから，しばらく運転します．液封が生じないようにしてから，圧縮機を停止します．停止後，圧縮機吸込み側止め弁を閉じ，高圧側と低圧側を遮断します．

(2) 油分離器の返油弁を全閉にします．油分離器内部にある凝縮冷媒が，停止中に圧縮機に戻るのを防止します．

(3) 凝縮器の冷却水ポンプと冷却塔を停止します．冬期に冷却水系統が凍結するおそれがあるときは，水抜きをします．

冷凍装置に水分が侵入した場合，アンモニア冷凍装置では多少の水分は問題になりませんが，フルオロカーボン冷凍装置では次のような障害を引き起こす危険性があります．

(1) 低温運転では，膨張弁が氷結して，冷媒が流れなくなります．

(2) 冷媒系統中に酸を生成して，金属部分を腐食します．

チャレンジ問題

問題16　次のイ，ロ，ハ，ニの記述のうち，配管について正しいものはどれか．

イ．距離の長い配管では，大きな温度変化があっても，配管にループなどの特別な対策は必要としない．

ロ．アンモニア冷凍装置の配管に，銅管を使用した．

ハ．並列運転を行う圧縮機吐出し管に，停止している圧縮機や油分離器へ液や油が逆流しないように逆止め弁をつけた．

ニ．吸込み立上がり管が10〔m〕を超すときは，油戻りを容易にするため，10〔m〕ごとに中間トラップを設けるようにした．

(1)　イ，ロ　　　(2)　ロ，ニ　　　(3)　ハ，ニ
(4)　イ，ロ，ハ　　　(5)　イ，ハ，ニ

問題17　次のイ，ロ，ハ，ニの記述のうち，冷凍装置の安全装置と保安について正しいものはどれか．

イ．安全弁の口径は圧縮機のピストン押しのけ量に正比例する．

ロ．安全装置の保守管理として，1年以内ごとに安全弁の作動の検査を行い，検査記録を残しておいた．

ハ．液配管に，液封防止のため，安全弁を取り付けた．

ニ．アンモニア冷凍装置では，機械換気装置，安全弁の放出管が設けてあれば，ガス漏えい検知警報設備を設ける必要はない．

(1)　イ　　　(2)　ニ　　　(3)　イ，ロ，
(4)　ロ，ハ　　　(5)　ハ，ニ

問題18 次のイ，ロ，ハ，ニの記述のうち，材料および圧力容器の強度について正しいものはどれか．

イ．応力とひずみの関係が直線的で正比例する限界を比例限度といい，この限界での応力を引張強さという．

ロ．溶接構造用圧延鋼材 SM400B 材の最小引張強さは 400〔N/mm^2〕であり，許容引張応力は 100〔N/mm^2〕である．

ハ．圧力容器が耐食処理を施してあれば，腐れしろは必要としない．

ニ．薄肉円筒胴圧力容器の接線方向の応力は，内圧，内径および板厚から求められ，円筒胴の長さには無関係である．

(1) イ　　(2) ニ　　(3) イ，ハ
(4) ロ，ハ　(5) ロ，ニ

問題19 次のイ，ロ，ハ，ニの記述のうち，フルオロカーボン冷凍装置の圧力試験および試運転について正しいものはどれか．

イ．圧力容器の耐圧試験は，気密試験の前に行わなければならない．

ロ．気密試験に使用するガスは，酸素や二酸化炭素などである．

ハ．真空試験では，微少の漏れが発見でき，かつ，漏れの箇所も発見しやすい．

ニ．冷凍機油（潤滑油）および冷媒を充てんするときは，水分が冷媒系統内に入らないように注意しなければならない．

(1) イ，ロ　(2) イ，ハ　(3) イ，ニ
(4) ロ，ハ　(5) ハ，ニ

問題20　次のイ，ロ，ハ，ニの記述のうち，冷凍装置の運転状態について正しいものはどれか．

イ．冷凍負荷が増大すると，蒸発温度が上昇し，膨張弁の冷媒流量は減少する．

ロ．冷凍負荷が減少すると，圧縮機の吸込み圧力は低下する．

ハ．冷蔵庫のユニットクーラに霜が厚く付くと，圧縮機の吸込み圧力は低くなる．

ニ．圧縮機の吸込み圧力が低下すると，吸込み蒸気の比体積が大きくなるので，圧縮機駆動の軸動力は大きくなる．

(1) イ，ロ　　(2) イ，ハ　　(3) イ，ニ
(4) ロ，ハ　　(5) ハ，ニ

問題21　次のイ，ロ，ハ，ニの記述のうち，冷凍装置の保守管理について正しいものはどれか．

イ．密閉圧縮機を用いた冷凍装置の冷媒系統内に異物が混入すると，異物が電気絶縁性を悪くし，電動機の焼損の原因となることがある．

ロ．冷媒量がかなり不足すると，蒸発圧力が低下し，吸込み蒸気の過熱度は小さくなる．

ハ．高圧受液器を持たない冷凍装置では，冷媒が過充てんされている場合凝縮圧力が高くなり，圧縮機の消費電力が増加する．

ニ．冷凍負荷が急激に増減しても，圧縮機に液戻りは生じない．

(1) イ，ロ　　(2) イ，ハ　　(3) イ，ニ
(4) ロ，ハ　　(5) ロ，ニ

Part 5
法　　令⑴

　Part 5 では，冷凍装置に関する法令について勉強します．冷凍装置に関する法令は，主として高圧ガス保安法に基づいています．高圧ガス保安法の目的は，第1条に示されているように，高圧ガスの災害防止と自主的な活動の促進により，公共の安全を確保することです．高圧ガス保安法に基づいて，細則が色々と規定されています．細則については，いくつかの施行令と規則で定められています．法令の試験問題は20問あり，このうちの60%以上正解をしなくてはなりません．
　法令は，範囲が広いので，この章ではすべてを解説することができませんが，ポイントは押さえておきます．

Section 24 総則

●高圧ガス

法第2条で定義されている次の条件に該当するガスです.

1 常用の温度において圧力が1MPa以上となる圧縮ガスであって現にその圧力が1MPa以上であるもの，または温度35度において圧力が1MPa以上となる圧縮ガス（圧縮アセチレンガスを除く）

2 常用の温度において圧力が0.2MPa以上となる圧縮アセチレンガスであって現にその圧力が0.2MPa以上であるもの，または温度15度において圧力が0.2MPa以上となる圧縮アセチレンガス

3 常用の温度において圧力が0.2MPa以上となる液化ガスであって現にその圧力が0.2MPa以上であるもの，または圧力が0.2MPa以上となる温度が35度以下である液化ガス

4 温度35度において圧力が0Paを超える液化ガスのうち，液化シアン化水素，液化ブロムメチル，またはその他の液化ガスであって，政令で定めるもの

例題

次のイ，ロ，ハの記述のうち，正しいものはどれか？

イ．高圧ガス保安法は，高圧ガスによる災害を防止して公共の安全を確保するという目的のために，高圧ガスの製造，貯蔵，販売および移動のみを規制している．

ロ．常用の温度において圧力が0.9メガパスカルの圧縮ガス（圧縮アセチレンガスを除く）であっても，温度35度において圧力が1メガパスカル以上となるものは高圧ガスである．

ハ．1日の冷凍能力が5トン未満の冷凍設備内における高圧ガスは，そのガスの種類にかかわらず高圧ガス保安法の適用を受けない．

(1) ロ　　　(2) ハ　　　(3) イ，ロ
(4) ロ，ハ　(5) イ，ロ，ハ

解答 (1)

解説

イ．× 法第1条では，高圧ガス保安法の目的として，「高圧ガスによる災害を防止するため，高圧ガスの製造，貯蔵，販売，移動**その他の取扱及び消費並びに容器の製造及び取扱**を規制する」となっていますので，誤りです．

ロ．○ 法第2条第1項では，高圧ガスの定義として，「常用の温度において圧力が1メガパスカル以上となる圧縮ガスであって現にその圧力が1メガパスカル以上であるもの又は温度35度において圧力が1メガパスカル以上となる圧縮ガス（圧縮アセチレンガスを除く）」となっています．常用の温度で1メガパスカル以下でも，35度の温度で圧力が1メガパスカル以上になるものは高圧ガスなので，正しいことになります．

ハ．× 政令第2条第3項では，高圧ガス保安法の適用除外として，「1日の冷凍能力が**3トン未満**の冷凍設備内における高圧ガス」となっていますので，誤りです．

したがって，ロが正しいので，正解は(1)です．

●法令の略称

以下に，関係法令と略称を示します．

(法)	高圧ガス保安法
(政令)	高圧ガス保安法施行令
(冷規)	冷凍保安規則
(容規)	容器保安規則
(一般)	一般高圧ガス保安規則
(例示基準)	冷凍保安規則関係例示基準

要点項目

高圧ガス保安法　総則

　ここでは，高圧ガス保安法の総則について勉強します．

　高圧ガス保安法第1章総則では，法の目的，高圧ガスの定義，適用除外および国に対する適用が規定されています．

　法第1条は目的で，前述のように高圧ガス保安法の目的として，「高圧ガスによる災害を防止するため，高圧ガスの製造，貯蔵，販売，移動その他の取扱及び消費並びに容器の製造及び取扱を規制する」と定め，「民間事業者及び高圧ガス保安協会による高圧ガスの保安に関する自主的な活動を促進する」として，「公共の安全を確保することを目的とする」と記述されています．

　法第2条は高圧ガスの定義で，次に該当するものとしています．

① 　常用の温度において圧力が1メガパスカル以上となる圧縮ガスであって現にその圧力が1メガパスカル以上であるもの，又は温度35度において圧力が1メガパスカル以上となる圧縮ガス（圧縮アセチレンガスを除く）

② 　常用の温度において圧力が0.2メガパスカル以上となる圧縮アセチレンガスであって現にその圧力が0.2メガパスカル以上であるもの，又は温度15度において圧力が0.2メガパスカル以上となる圧縮アセチレンガス

③ 　常用の温度において圧力が0.2メガパスカル以上となる液化ガスであって現にその圧力が0.2メガパスカル以上であるもの，又は圧力が0.2メガパスカル以上となる温度が35度以下である液化ガス

④ 　温度35度において圧力が0パスカルを超える液化ガスのうち，液化シアン化水素，液化ブロムメチル，又はその他の液化ガスであって，政令で定めるもの

この④については，政令第1条で別に定められており，液化シアン化水素，液化ブロムメチルおよび液化酸化エチレンとなっています．

法第3条は高圧ガスの適用除外で，次に該当するものです．

① 高圧ボイラー及びその導管内における高圧蒸気
② 鉄道車両のエアコン内部の高圧ガス
③ 船舶安全法の適用を受ける船舶又は海上自衛隊の使用する船舶内における高圧ガス
④ 鉱山保安法の適用を受ける設備における高圧ガス
⑤ 航空法の適用を受ける航空機内における高圧ガス
⑥ 電気事業法の適用を受ける電気工作物内における高圧ガス
⑦ 核原料物質，核燃料物質及び原子炉の規制に関する法律の適用を受ける原子炉及びその附属施設内における高圧ガス
⑧ その他災害の発生のおそれのない高圧ガスであって，政令で定めるもの

また，容器のうち内容積1デシリットル以下および密閉しないで使用されるものについても高圧ガスの適用除外となっています．

Section 25 貯蔵

● 定置式製造設備
冷規第2条に定義されている製造のための設備で，移動式製造設備以外のものをいいます．

● 充てん容器
法および政令に基づいて，高圧ガスを充てんするための容器で，地盤面に対して移動することのできるものをいいます．単に容器ともいいます．

例題

次のイ，ロ，ハの記述のうち，高圧ガスの貯蔵について正しいものはどれか？

イ．質量50キログラムの液化フルオロカーボンを充てんした容器の貯蔵は，定められた場合を除き，車両に積載したまましてはならない．

ロ．質量50キログラムの液化アンモニアを充てんした容器を貯蔵する場合，その容器は常に温度40度以下に保つ必要があるが，同質量の液化フルオロカーボン134aを充てんした容器は，ガスの性質から常に温度40度以下に保つ必要はない．

ハ．充てん容器と残ガス容器は，それぞれ区分して容器置場に置く必要はない．

(1) イ　　　(2) ロ　　　(3) ハ
(4) ロ, ハ　(5) イ, ロ, ハ

解答 (1)

解　説

イ．○　一般第18条第2項ホでは，高圧ガスの貯蔵の方法に係る技術上の基準として，「貯蔵は，船，車両もしくは鉄道車両に固定し，または積載した容器によりしないこと」となっていますので，正しいことになります．

ロ．×　一般第6条第2項第八号ホでは，定置式製造設備に係る技術上の基準として，「充てん容器等は，**常に温度40度以下に保つこと**」となっています．そのため，液化アンモニアも液化フルオロカーボンも充てんした容器を40度以下に保つ必要があるので誤りです．

ハ．×　一般第6条第2項第八号イでは，定置式製造設備に係る技術上の基準として，「充てん容器等は，充てん容器及び残ガス容器に**それぞれ区分して容器置場に置くこと**」となっていますので，誤りです．

したがって，イが正しいので，正解は(1)です．

●貯槽
　高圧ガスの貯蔵設備であって，地盤面に対して移動することができないもの．

要点項目

高圧ガスの貯蔵

　ここでは，高圧ガスの貯蔵について勉強します．

　法第15条では，高圧ガスの貯蔵について経済産業省令で定める技術上の基準に従うことと規定されています．法第16条から第19条には，貯蔵所についての規定が示されています．法令の条文では，しばしばカッコ内の除外事項が煩雑なので，以下ではなるべく除外事項を省略して，わかりやすく記述します．

　一般第2節第18条では，高圧ガスの貯蔵に係る許可等について経済産業省令で定める技術上の基準が具体的に示されています．第18条第一号では貯槽により貯蔵するときの技術基準が規定され，第二号では容器により貯蔵されるときの技術基準が規定されています．まず，貯槽により貯蔵する場合は，次の基準となっています．

- イ　可燃性ガス又は毒性ガスの貯蔵は，通風のよい場所に設置された貯槽によること．
- ロ　貯槽の周囲2メートル以内においては，火気の使用を禁止し，かつ引火性又は発火性の物を置かないこと．
- ハ　液化ガスの貯蔵は，貯槽の常用の温度において貯槽の内容積の90パーセントを超えないようにすること．
- ニ　貯槽の修理又は清掃及びその後の貯蔵は，次に掲げる基準により保安上支障のない状態で行うこと．
    - ⑴　修理等をするときは，あらかじめ修理等の作業計画及び当該作業の責任者を定め，当該作業計画に従い，かつ当該責任者の監視のもとに行うこと，または異常があったときに直ちにその旨を当該責任者に通報するための措置を講じて行うこと．
    - ⑵　可燃性ガス，毒性ガス又は酸素の貯槽の修理等を行うときは，危険を防止するための措置を講じて行うこと．
    - ⑶　修理等のため作業員が貯槽を開放し，又は貯槽に入るときは，危険

を防止するための措置を講じて行うこと．
　　㈡　貯槽を開放して修理等をするときは，当該貯槽に他の部分から当該ガスが漏えいすることを防止するための措置を講じて行うこと．
　　㈢　修理等が終了したときは，当該貯槽に漏えいのないことを確認した後でなければ貯蔵をしないこと．
　ホ　貯蔵能力が100立方メートル又は1トン以上の貯槽には，その沈下状況を測定するための措置を講じ，経済産業大臣が定めるところにより沈下状況を測定すること．この測定の結果，沈下していたものにおいては，その沈下の程度に応じ適切な措置を講ずること．
　ヘ　貯槽又はこれに取り付けた配管のバルブを操作する場合にバルブの材質，構造及び状態を勘案して過大な力を加えないよう必要な措置を講ずること．

次に，容器により貯蔵する場合は，以下のような基準に適合しなくてはなりません．
　イ　可燃性ガス又は毒性ガスの充てん容器等の貯蔵は，通風の良い場所ですること．
　ロ　第6条第2項第八号の基準に適合すること．
　ハ　シアン化水素を貯蔵するときは，充てん容器等について1日1回以上当該ガスの漏えいのないことを確認すること．
　ニ　シアン化水素の貯蔵は，容器に充てんした後60日を超えないものをすること．ただし，純度98パーセント以上で，かつ着色していないものについては，この限りではない．
　ホ　貯蔵は，船，車両，もしくは鉄道車両に固定し，または積載した容器によりしないこと．ただし，消防自動車などの緊急車両等は除く．また，法第16条第1項の許可を受け，又は法第17条の2第1項の届出を行ったところに従って貯蔵するときは，この限りではない．
　ヘ　一般複合容器等であって当該容器の刻印等において示された年月から15年を経過したものを高圧ガスの貯蔵に使用しないこと．

Section 26 移動

●不活性ガス

他の物質と化学反応を起こしにくい安定した状態の気体をいいます。政令第3条では，第18族元素のヘリウム，アルゴン，ネオン，クリプトン，キセノンおよびラドンのほかに，窒素，二酸化炭素，可燃性でないフルオロカーボンおよび空気が不活性ガスとして定義されていて，**第一種ガス**と呼ばれています。

また，冷規第2条第1項第三号で不活性ガスとして，二酸化炭素，R12，R13，R13B1，R22，R114，R116，R124，R125，R134a，R401A，R401B，R402A，R402B，R404A，R407A，R407B，R407C，R407D，R407ER410A，R410B，R500，R502，R507A，R509Aおよびヘリウムと具体的に定義されています。

■ 例題

次のイ，ロ，ハの記述のうち，高圧ガスの移動について正しいものはどれか？

イ．質量50キログラムの液化アンモニアを充てんした容器を車両に積載して移動するときは，転倒等による衝撃を防止する措置を講じなければならない．

ロ．質量50キログラムの液化アンモニアを充てんした容器を車両に積載して移動するときは，消火設備のみ携行すればよい．

ハ．質量50キログラムの不活性ガスである液化フルオロカーボンを充てんした容器は，移動の規制は受けない．

(1) イ　　　(2) ロ　　　(3) イ，ロ
(4) イ，ハ　(5) ロ，ハ

解答 (1)

解説

イ．○　一般第6条第2項第八号ヘでは，高圧ガスの定置式製造設備に係る技術上の基準として，「充てん容器等には，転落，転倒等による衝撃及びバルブの損傷を防止する措置を講じ，かつ，粗暴な扱いをしないこと」となっていますので，正しいことになります．

ロ．×　一般第50条第八号では，高圧ガスの移動に係る技術上の基準として，「可燃性ガス又は酸素の充てん容器等を車両に積載して移動するときは，消火設備並びに災害発生防止のための応急措置に必要な資材及び工具等を携行すること」となっています．また，同第九号に，「毒性ガスの充てん容器等を車両に積載して移動するときは，当該毒性ガスの種類に応じた防毒マスク，手袋その他の保護具並びに災害発生防止のための応急措置に必要な資材，薬剤及び工具等を携行すること」とあります．アンモニアは，可燃性ガスおよび毒性ガスに該当するので，消火設備のみの携行は誤りです．

ハ．×　一般第50条各号により，**不活性ガスであるフルオロカーボンも規制を受ける**ので，誤りです．

したがって，イが正しいので，正解は(1)です．

●一般第2条に指定される可燃性ガス

アセチレン，アンモニア，一酸化炭素，エタン，エチレン，クロルメチル，シアン化水素，ジシラン，水素，二硫化炭素，ブタン，ブチレン，プロパン，プロピレン，ベンゼン，ホスフィン，メタン，メチルエーテルなど

●一般第2条に指定される毒性ガス

亜硫酸ガス，アンモニア，一酸化炭素，塩素，クロルメチル，クロロプレン，シアン化水素，ジシラン，セレン化水素，トリメチルアミン，二硫化炭素，ふっ素，ブロムメチル，ベンゼン，ホスゲン，ホスフィンなど

要点項目

高圧ガスの移動

　ここでは，高圧ガスの移動について勉強します．

　法第23条では，高圧ガスの移動について経済産業省令で定める保安上必要な措置をとることと規定されています．一般第50条では，高圧ガスの移動に係る保安上の措置等について経済産業省令で定める技術上の基準が具体的に示されています．規則の条文のとおり，漢数字で紹介します．できる限り，「ただし，***を除く」などの除外事項を省略します．

一　充てん容器等を車両に積載して移動するときは，当該車両の見やすい箇所に警戒標を掲げること．ただし，次に掲げるもののみを積載した車両にあっては，この限りではない．

　イ　消防自動車，緊急自動車，レスキュー車，警備車その他の緊急事態が発生した場合に使用する車両において，緊急時に使用するための充てん容器等

　ロ　冷凍車，活魚運搬車等において移動中に消費を行うための充てん容器等

　ハ　タイヤの加圧のために当該車両の装備品として積載する充てん容器等（フルオロカーボン，炭酸ガスその他の不活性ガスを充てんしたものに限る）

　ニ　当該車両の装備品として積載する消火器

二　充てん容器は，その温度（ガスの温度を計測できる充てん容器等にあっては，ガスの温度）を常に40度以下に保つこと．

三　一般複合容器等であって当該容器の刻印等により示された年月から15年を経過したものを高圧ガスの移動に使用しないこと．

四　充てん容器等には，転落，転倒等による衝撃及びバルブの損傷を防止する措置を講じ，かつ粗暴な取扱いをしないこと．

五　次に掲げるものは，同一の車両に積載して移動しないこと．

　イ　充てん容器等と消防法第2条第7項に規定する危険物

ロ　塩素の充てん容器等とアセチレン，アンモニア又は水素の充てん容器等

六　可燃性ガスの充てん容器等と酸素の充てん容器等とを同一の車両に積載して移動するときは，これらの充てん容器等のバルブが相互に向き合わないようにすること．

七　毒性ガスの充てん容器等には，木枠又はパッキンを施すこと．

八　可燃性ガス又は酸素の充てん容器等を車両に積載して移動するときは，消火設備並びに災害発生防止のための応急措置に必要な資材及び工具等を携行すること．ただし，容器の内容積が20リットル以下である充てん容器等のみを積載した車両であって，当該積載容器の内容積の合計が40リットル以下である場合はこの限りではない．

九　毒性ガスの充てん容器等を車両に積載して移動するときは，当該毒性ガスの種類に応じた防毒マスク，手袋その他の保護具並びに災害発生防止のための応急措置に必要な資材，薬剤及び工具等を携行すること．

十　アルシン又はセレン化水素を移動する車両には，当該ガスが漏えいしたときの除外の措置を講ずること．

十一　充てん容器等を車両に積載して移動する場合において，駐車するときは，当該充てん容器等の積み卸しを行うときを除き，第一種保安物件の近辺及び第二種保安物件が密集する地域を避けるとともに，交通量が少ない安全な場所を選び，かつ，移動監視者又は運転者は食事その他やむを得ない場合を除き，当該車両を離れないこと．ただし，容器の内容積が20リットル以下である充てん容器等（毒性ガスに係るものを除く）のみを積載した車両であって，当該積載容器の内容積の合計が40リットル以下である場合にあってはこの限りではない．

　以上の条文を理解すれば，高圧ガスの移動については心配ありません．ここで，アンモニアは一般第2条で規定されているように，可燃性ガスでもあり，毒性ガスでもあるということに注意しましょう．また，十一で出てくる第一種保安物件と第二種保安物件は，一般第2条第1項第五号で規定されている建物種別で，**第一種保安物件**は学校，病院，福祉施設，博物館および百貨店等の建物であり，**第二種保安物件**は第一種保安物件以外の住宅です．

Section 27 容器

● 最高充てん圧力
　容器第2条第25号の表の下欄に容器の種類ごとに規定されている圧力の数値のことをいいます。

例題

　次のイ，ロ，ハの記述のうち，高圧ガスを充てんする容器について正しいものはどれか．
イ．液化アンモニアを充てんする容器の外面には，そのガスの性質を示す文字が明示されている．
ロ．圧縮ガスを充てんする容器には，最高充てん圧力の刻印等又は自主検査刻印等がされている．
ハ．液化ガスを充てんする容器の外面には，その容器に充てんすることができる最大充てん質量の数値が明示されている．

(1) ロ　　　(2) イ，ロ　　　(3) イ，ハ
(4) ロ，ハ　(5) イ，ロ，ハ

解答 (2)

解説

イ．○　容規第10条第1項第二号では，高圧ガスの容器の表示の方式として，「容器の外面に次に掲げる事項を明示するものとする」とあり，ロで「充てんすることができる高圧ガスが可燃性ガス及び毒性ガスの場合にあっては，当該高圧ガスの性質を示す文字」となっていますので，正しいことになります．

ロ．○　容規第8条第1項第十二号では，高圧ガスの容器の刻印等の方式として，「圧縮ガスを充てんする容器にあっては，最高充てん圧力」となっていますので，正しいことになります．

ハ．×　**液化ガスの最大充てん質量の数値を表示する規定はない**ので，誤りです．

したがって，イとロが正しいので，正解は(2)です．

● 一般第6条第2項第八号に定められる容器の規定

イ　充てん容器等は，充てん容器及び残ガス容器にそれぞれ区分して容器置場に置くこと．

ロ　可燃性ガス，毒性ガス及び酸素の充てん容器等は，それぞれ区分して容器置場に置くこと．

ハ　容器置場には，計量器等作業に必要な物以外の物を置かないこと．

ニ　容器置場（不活性ガス及び空気のものを除く．）の周囲2m以内においては，火気の使用を禁じ，かつ，引火性又は発火性の物を置かないこと．

ホ　充てん容器等は，常に温度40度以下に保つこと．

ヘ　充てん容器等（内容積が5リットル以下のものを除く．）には，転落，転倒等による衝撃及びバルブの損傷を防止する措置を講じ，かつ，粗暴な取扱いをしないこと．

ト　可燃性ガスの容器置場には，携帯電燈以外の燈火を携えて立ち入らないこと．

要点項目

高圧ガスの充てん容器

ここでは，高圧ガスの**充てん容器**について勉強します．

法第41条から第48条では，高圧ガスの充てん容器について経済産業省令で定める規定を遵守するよう定められています．法第48条では，高圧ガスを容器に充てんするときの規定があり，刻印または自主検査刻印等がされていること，刻印で示された圧力や内容積以下であることなどが示されています．

容規第8条第1項では，高圧ガスの充てん容器の刻印等の方式が具体的に示されています．容器に刻印をするときは，容器の厚肉の見やすい箇所に，明瞭に，かつ，消えないように次の事項をその順序で刻印しなければならないと定めてあります．

① 検査実施者の名称の符号
② 容器製造業者の名称又はその符号
③ 充てんすべき高圧ガスの種類
④ 圧縮天然ガス自動車燃料装置用容器及び荷室用容器である場合はその旨の区分や表示，アルミニウム合金製スクーバ用継目なし容器は，その表示
⑤ 容器の記号及び番号
⑥ 内容積（記号 V，単位　リットル）
⑦ 附属品を含まない容器の質量（記号 W，単位　キログラム）
⑧ アセチレンガスを充てんする容器は，⑦の質量にその容器の多孔質物及び附属品の質量を加えた質量（記号 TW，単位　キログラム）
⑨ 容器検査に合格した年月
⑩ 圧縮天然ガス自動車燃料装置用容器及び液化天然ガス自動車燃料装置用容器にあっては，充てん可能期限年月日
⑪ 耐圧試験における圧力（記号 TP，単位　メガパスカル）及び M

⑫　圧縮ガスを充てんする容器にあっては，最高充てん圧力（記号 FP，単位　メガパスカル）及び M

⑬　高強度鋼又はアルミニウム合金で製造された容器にあっては，次に掲げる材料の区分（高強度鋼：記号 HT，アルミニウム合金：記号 AL

⑭　内容積が 500 リットルを超える容器は，胴部の肉厚（記号 t，単位　ミリメートル）

⑮　繊維強化プラスチック複合容器は，胴部の繊維強化プラスチック部分の許容傷深さ（記号 DC，単位　ミリメートル）

また，同条第2項では，刻印をすることが困難なものについて定めています．

容器第10条第1項では，容器の表示の方式について規定されており，法第46条第1項の規定に基づく表示方式が示されています．

一　高圧ガスの種類に応じて，塗色をその容器の外面の見やすい箇所に，容器の表面積の2分の1以上について行うものとする．

高圧ガスの種類	塗色の区分
酸素ガス	黒色
水素ガス	赤色
液化炭酸ガス	緑色
液化アンモニア	白色
液化塩素	黄色
アセチレンガス	かっ色
その他の種類の高圧ガス	ねずみ色

二　容器の外面に次に掲げる事項を明示するものとする．
　イ　充てんすることができる高圧ガスの名称
　ロ　充てんすることができる高圧ガスが可燃性ガス又は毒性ガスにあっては，当該高圧ガスの性質を示す文字（可燃性ガスにあっては「燃」，毒性ガスにあっては「毒」）

三　容器の外面に容器の所有者の氏名又は名称，住所及び電話番号を告示で定めるところに従って明示するものとする．

　高圧ガスの充てん容器に関する保安について，容器保安規則で詳細に規定されていますので，あとは規則の条文を眺めてみましょう．

Section 28 冷凍事業所

● 第一種製造者

法第5条第1項で規定された製造者で，1日100m³以上である設備を使用して高圧ガスの製造設備を使用した者，または1日の冷凍能力が20トン以上の設備を使用して高圧ガスの製造をしようとする者のことをいいます。

● 第二種製造者

法第5条第2項で規定された製造者で，高圧ガスの製造の事業を行う者，または1日の冷凍能力が3トン以上の設備を使用して高圧ガスの製造をする者のことをいいます。

■例題

［例］冷凍のため，次に掲げる高圧ガスの製造施設を有する事業所

なお，この事業所は認定完成検査実施者および認定保安検査実施者ではない．

　　製造設備の種類：定置式製造設備　1基
（冷媒設備および圧縮機用原動機が1の架台上に一体に組み立てられていないものであり，かつ，認定指定設備でないもの）

　　冷媒ガスの種類：フルオロカーボン134a
　　冷凍設備の圧縮機：遠心式
　　1日の冷凍能力：90トン

次のイ，ロ，ハの記述のうち，この事業所について正しいものはどれか？

イ．冷媒設備の配管は，許容圧力以上の圧力で行う気密試験または経済産業大臣がこれと同等以上のものと認めた高圧ガス保安協会が行う試験に合格したものでなければならない．

ロ．安全弁の修理または清掃のため特に必要な場合を除いて，その安全弁に付帯して設けた止め弁は，常に全開にしておかなければならない．

ハ．冷媒ガスが不活性ガスであることから，受液器に設けるガラス管液面計には，その破損を防止するための措置を講じなくてもよい．

(1)　イ　　　　(2)　ロ　　　　(3)　イ，ロ
(4)　イ，ハ　　(5)　イ，ロ，ハ

解答 (3)

解説

イ．○　冷規第7条第1項第六号では，定置式製造設備に係る技術上の基準として，「冷媒設備は，許容圧力以上の圧力で行う気密試験及び配管以外の部分について許容圧力の1.5倍以上の圧力で行う耐圧試験又は経済産業大臣がこれらと同等以上のものと認めた高圧ガス保安協会が行う試験に合格したものであること」と定めてありますので，正しいことになります．

ロ．○　冷規第9条第一号では，製造の方法に係る技術上の基準として，「安全弁に付帯して設けた止め弁は，常に全開にしておくこと．ただし，安全弁の修理又は清掃のため特に必要な場合はこの限りでない」となっていますので，正しいことになります．

ハ．×　冷規第7条第1項第十一号では，定置式製造設備に係る技術上の基準として，「受液器にガラス管液面計を設ける場合には，当該ガラス管液面計には**その破損を防止するための措置を講**じ，当該受液器と当該ガラス管液面計とを接続する配管には，当該ガラス管液面計の破損による漏えいを防止するための措置を講ずること」と定めてありますので，誤りです．

　したがって，イとロが正しいので，正解は(3)です．

要点項目

冷凍事業所

ここでは，冷凍事業所について勉強します．

試験問題では，例題のように例となる冷凍事業所が与えられて，その事業所についての設問があります．

法第2章は高圧ガス製造の事業に関する章で，第5条から第25条の2が該当します．

法第5条は製造の許可等に関する規定で，第1項に次の各号に該当する**第一種製造者**について，「事業所ごとに都道府県知事の許可を得なければならない」と定められています．

一　圧縮，液化その他の方法で処理することができるガスの容積が一日100m^{3}以上である設備を使用して高圧ガスの製造をしようとする者

二　冷凍のためガスを圧縮し，又は液化して高圧ガスの製造をする設備でその一日の冷凍能力が20トン以上のものを使用して高圧ガスの製造をしようとする者

法第5条第2項に，次の各号に該当する**第二種製造者**について，「事業所ごとに，当該各号に定める日の20日前までに，製造をする高圧ガスの種類，製造のための施設の位置，構造及び設備並びに製造の方法を記載した書面を添えて，その旨を都道府県知事に届け出なければならない」と定められています．

一　高圧ガスの製造を行う者　　事業開始の日

二　冷凍のためガスを圧縮し，又は液化して高圧ガスの製造をする設備でその一日の冷凍能力が3トン以上のものを使用して高圧ガスの製造をしようとする者　　製造開始の日

例題の事業所では，一日の冷凍能力が90トンですから，第一種製造者に該当します．

冷規第7条では，定置式製造設備に係る技術上の基準について具体

的に規定しています．また，冷規第9条では，製造の方法に係る技術上の基準について規定しています．第7条と第9条は，試験によく出ますので，次のPart6で集中的に学習しましょう．

法第3章は，保安に関する規定です．第26条から，第39条がこれに該当します．

法第26条は，危害予防規定について定められており，「第一種製造者は，経済産業省令で定める事項について記載した危害予防規定を定め，経済産業省令で定めるところにより，都道府県知事に届け出なければならない．これを変更したときも，同様とする．」となっています．

法第27条は，保安教育について定められており，第1項では「第一種製造者は，その従業者に対する保安教育計画を定めなければならない．これを変更したときも，同様とする．」となっています．そして，第2項で規定されているように，都道府県知事は，公共の安全の維持又は災害の発生の防止上十分でないと認めるときは，保安教育計画の変更を命じることができます．第3項では，「第一種製造者は，保安教育計画を忠実に実行しなければならない．」となっています．

法第35条は，保安検査についての規定で，第1項では「第一種製造者は，高圧ガスの爆発その他の災害が発生するおそれがある製造のための施設（特定施設）について，経済産業省令で定めるところにより，定期的に，都道府県知事が行う保安検査を受けなければならない．」となっています．

法第35条の2は，定期自主検査についての規定で，第一種製造者と，第二種製造者であって認定指定設備を使用する者または一日の冷凍能力が所定の値以上である者，又は特定高圧ガス消費者は，1年に1回以上，技術上の基準に適合しているか，冷凍保安責任者の監督の下，保安のための自主検査を行い，検査した製造施設，検査方法と結果，検査年月日，監督者名を検査記録に記載するよう定められています．

冷凍事業所については，冷凍保安規則で詳細に規定されていますので，あとは規則の条文を眺めてみましょう．

Section 29 冷凍能力

● 冷媒設備

　冷規第２条に定義されているように，冷凍設備のうち冷媒ガスが通る部分をいいます．

例題

　［例］冷凍のため，次に掲げる高圧ガスの製造施設を有する事業所
　この事業所は認定完成検査実施者及び認定保安検査実施者ではない．
　　　製造設備の種類：定置式製造設備　１基
　（冷媒設備および圧縮機用原動機が一の架台上に一体に組み立てられていないものであり，認定指定設備でないもの）
　　　冷媒ガスの種類：フルオロカーボン134a
　　　冷凍設備の圧縮機：遠心式
　　　１日の冷凍能力：90トン
　　　受液器の内容積：500リットル

　次のイ，ロ，ハの記述のうち，この事業所の１日の冷凍能力の算定に必要な数値はどれか？
　イ．冷媒ガスに応じて定められた数値
　ロ．圧縮機の原動機の定格出力の数値
　ハ．蒸発器の冷媒ガスに接する側の表面積の数値

　　(1)　イ　　　　(2)　ロ　　　　(3)　ハ
　　(4)　イ，ロ　　(5)　ロ，ハ

解答 (2)

解説

イ．× 冷規第5条第一号では，「遠心式圧縮機を使用する製造設備にあっては，当該圧縮機の原動機の定格出力1.2キロワットをもって1日の冷凍能力1トンとする．」と定めてありますので，誤りです．

ロ．○ 冷規第5条第一号により，正しいことになります．

ハ．× 冷規第5条第一号により，誤りです．

したがって，ロが正しいので，正解は(2)です．

要点項目

冷凍能力

ここでは，冷凍能力について勉強します．

試験問題では，例題のように例となる冷凍事業所が与えられて，その事業所についての設問があります．

法第2章は高圧ガス製造の事業に関する章で，第5条から第25条の2が該当します．

法第5条第3項は冷凍能力に関する規定で，「第1項第二号及び前項第二号の冷凍能力は，経済産業省令で定める基準に従って算定するものとする」と定められています．

法の規定により，冷規第5条では，**冷凍能力の算定基準**が定められています．

① 遠心式圧縮機を使用する製造設備にあっては，当該圧縮機の原動機の定格1.2キロワットをもって1日の冷凍能力1トンとする．

② 吸収式冷凍設備にあっては，発生器を加熱する1時間の入熱量27 800キロジュールをもって1日の冷凍能力1トンとする．

③ 自然環流式冷凍設備および自然循環式冷凍設備にあっては，次の算式によるものをもって1日の冷凍能力とする．

$$R = QA$$

ここで，R は1日の冷凍能力（単位 トン）の数値，Q は冷媒ガスの種類に応じた数値，A は蒸発部または蒸発器の冷媒ガスに接する側の表面積（単位 平方メートル）の数値です．

④ ①〜③に掲げる製造設備以外の製造設備にあっては，次の算式によるものをもって1日の冷凍能力とする．

$$R = V \div C$$

ここで，R は1日の冷凍能力（単位 トン）の数値，V は多段圧縮方式または多元冷凍方式による製造設備にあっては次のイの算

式により得られた数値，回転ピストン型圧縮機を使用する製造設備にあっては次のロの算式により得られた数値，その他の製造設備にあっては圧縮機の標準回転速度における1時間のピストン押しのけ量（単位　立方メートル）の数値，C は冷媒ガスの種類に応じた数値です．

　イ　$V_H + 0.08 V_L$
　ロ　$60 \times 0.785 tn(D^2 - d^2)$

これらの式において，V_H，V_L，t，n，D 及び d は，それぞれ次の数値を表すものとする．

V_H：圧縮機の標準回転速度における最終段又は最終元の気筒の1時間のピストン押しのけ量（単位　立方メートル）の数値

V_L：圧縮機の標準回転速度における最終段又は最終元の前の気筒の1時間のピストン押しのけ量（単位　立方メートル）の数値

t：回転ピストンのガス圧縮部分の厚さ（単位　メートル）の数値

n：回転ピストンの1分間の標準回転数の数値

D：気筒の内径（単位　メートル）の数値

d：ピストン外径（単位　メートル）の数値

⑤　④に掲げる製造設備により，③に掲げる自然循環式冷凍設備の冷媒ガスを冷凍する製造設備にあっては，④に掲げる算式によるものをもって1日の冷凍能力とする．

以上のように，冷凍能力の算定については，冷凍機の種類ごとに算出方法が規定されていますので，概略を覚えておきましょう．

Section 30 第一種製造者

●第一種製造者
　法第5条第1項に規定されている事業者で，圧縮，液化その他の方法で処理することのできるガスの容積が1日に100m³以上である設備を使用して高圧ガスの製造をしようとする者のことです．

例題

　次のイ，ロ，ハの記述のうち，第一種製造者の冷凍のための製造施設が危険な状態になったときの措置等について，正しいものはどれか？

イ．第一種製造者は，直ちに，応急の措置を行うとともに製造の作業を中止し，冷媒設備内のガスを安全な場所に移し，この作業に特に必要な作業員のほかは待避させた．

ロ．その危険な状態を発見した者は，直ちに，都道府県知事に届け出た．

ハ．第一種製造者は，所定の応急の措置を講ずることができず，従業者に待避するよう勧告するとともに，付近の住民の待避も必要と判断し，当該付近住民に待避するよう警告した．

(1) イ　　　(2) ハ　　　(3) イ，ロ
(4) ロ，ハ　(5) イ，ロ，ハ

解答 (5)

解 説

イ. ◯　法第36条第1項に製造施設など又は高圧ガスを充てんした容器が危険な状態となったときは，所有者又は占有者は，災害の発生の防止のための応急の措置を講じなければならない，と定められ，また冷規第45条第一号に「応急の措置を行うとともに製造の作業を中止し，冷媒設備内のガスを安全な場所に移し，又は大気中に安全に放出し，この作業に特に必要な作業員のほかは退避させること」と定められていますので，正しいです．

ロ. ◯　法第36条第2項に「前項の事態を発見した者は，直ちに，その旨を都道府県知事又は警察官，消防吏員若しくは消防団員若しくは海上保安官に届け出なければならない」の規定より，正しいです．

ハ. ◯　法第36条および冷規第45条第二号「前号に掲げる措置を講ずることができないときは，従業者又は必要に応じ付近の住民に退避するよう警告すること」により，正しいです．

したがって，イ，ロ，ハが正しいので，正解は(5)です．

要点項目

第一種製造者

ここでは，第一種製造者について勉強します．

第一種製造者は，法第5条第1項に規定されている事業者で，圧縮，液化その他の方法で処理することのできるガスの容積が1日に100立方メートル以上である設備を使用して高圧ガスの製造をしようとする者のことです．第一種製造者は，事業所ごとに都道府県知事の許可を受けなければなりません．法第5条第1項では，次のように**第一種製造者を定義**しています．

〔法第5条第1項〕 次の各号の一に該当する者は，事業所ごとに，都道府県知事の許可を受けなければならない．
一 圧縮，液化その他の方法で処理することができるガスの容積（温度零度，圧力零パスカルの状態に換算した容積をいう．）が1日100立方メートル（当該ガスが政令で定めるガスの種類に該当するものである場合にあっては，当該政令で定めるガスの種類ごとに100立方メートルを超える政令で定める値）以上である設備（第56条の7第2項の認定を受けた設備を除く．）を使用して高圧ガスの製造（容器に充てんすることを含む．）をしようとする者．
二 冷凍のためガスを圧縮し，又は液化して高圧ガスの製造をする設備でその1日の冷凍能力が20トン（当該ガスが政令で定めるガスの種類に該当するものである場合にあっては，当該政令で定めるガスの種類ごとに20トンを超える政令で定める値）以上のもの（第56条の7第2項の認定を受けた設備を除く．）を使用して高圧ガスの製造をしようとする者．

また，第二種製造者について，法第5条第2項に次のように定義しています．

〔法第5条第2項〕 次の各号の一に該当する者は，事業所ごとに，当該各号に定める日の20日前までに，製造をする高圧ガスの種類，製造のための施設の位置，構造及び設備並びに製造の方法を記載した書面を添えて，そ

の旨を都道府県知事に届け出なければならない．
- 一 高圧ガスの製造の事業を行う者（前項第一号に掲げる者及び冷凍のため高圧ガスの製造をする者並びに液化石油ガス法第2条第4項の供給設備に同条第1項の液化石油ガスを充てんする者を除く．）　事業開始の日
- 二 冷凍のためガスを圧縮し，又は液化して高圧ガスの製造をする設備でその1日の冷凍能力が3トン（当該ガスが前項第二号の政令で定めるガスの種類に該当するものである場合にあっては，当該政令で定めるガスの種類ごとに3トンを超える政令で定める値）以上のものを使用して高圧ガスの製造をする者（同号に掲げる者を除く．）　製造開始の日

政令第3条および第4条では，法第5条第1項の政令で定めるガスの種類等について規定しています．

〔令第3条〕　法第5条第1項第一号の政令で定めるガスの種類は，一の事業所において次の表の左欄に掲げるガスに係る高圧ガスの製造をしようとする場合における同欄に掲げるガスとし，同号の政令で定める値は，同欄に掲げるガスの種類に応じ，それぞれ同表の右欄に掲げるとおりとする．

ガスの種類	値
一　ヘリウム，ネオン，アルゴン，クリプトン，キセノン，ラドン，窒素，二酸化炭素，フルオロカーボン（可燃性のものを除く．）又は空気（以下「第一種ガス」という．）	300立方メートル
二　第一種ガス及びそれ以外のガス	100立方メートルを超え300立方メートル以下の範囲内において経済産業省令で定める値

〔令第4条〕　法第5条第1項第二号の政令で定めるガスの種類は，一の事業所において次の表の左欄に掲げるガスに係る高圧ガスの製造をしようとする場合における同欄に掲げるガスとし，同号及び同条第2項第二号の政令で定める値は，同欄に掲げるガスの種類に応じ，それぞれ同表の中欄及び右欄に掲げるとおりとする．

ガスの種類	法第5条第1項第二号の政令で定める値	法第5条第2項第二号の政令で定める値
一　フルオロカーボン（不活性のものに限る．）	50トン	20トン
二　フルオロカーボン（不活性のものを除く．）及びアンモニア	50トン	5トン

第一種製造者及び第二種製造者については，法第9条以降の至る所で規定されていますが，その定義については覚えておきましょう．

Section 31 危害予防規程

●危害予防規程
　法第26条に規定されている高圧ガスに関する災害予防規程です．

例題

　次のイ，ロ，ハの記述のうち，第一種製造者の危害予防規程に定めるべき事項について正しいものはどれか？

イ．製造施設が危険な状態になったときの措置及びその訓練方法に関すること

ロ．従業者に対する当該危害予防規定の周知方法及び当該危害予防規定に違反した者に対する措置に関すること

ハ．危害予防規定の作成及び変更の手続きに関すること

　(1) イ　　　(2) ハ　　　(3) イ，ロ
　(4) ロ，ハ　(5) イ，ロ，ハ

解答　(5)

解説

イ．○　冷規第35条第2項第六号により，正しいです．

ロ．○　冷規第35条第2項第八号により，正しいです．

ハ．○　冷規第35条第2項第十号により，正しいです．

したがって，イ，ロ，ハが正しいので，正解は(5)です．冷規第35条第2項の詳細は「要点項目」を参照してください．

要点項目

危害予防規程

ここでは，危害予防規程について勉強します．

第一種製造者は，法第26条第1項に規定されているように，危害予防規程を定めなくてはいけません．法第26条は，以下のとおりです．

〔法第26条第1項〕 第一種製造者は，経済産業省令で定める事項について記載した危害予防規程を定め，経済産業省令で定めるところにより，都道府県知事に届け出なければならない．これを変更したときも，同様とする．

〔法第26条第2項〕 都道府県知事は，公共の安全の維持又は災害の発生の防止のため必要があると認めるときは，危害予防規程の変更を命ずることができる．

〔法第26条第3項〕 第一種製造者及びその従業者は，危害予防規程を守らなければならない．

〔法第26条第4項〕 都道府県知事は，第一種製造者又はその従業者が危害予防規程を守っていない場合において，公共の安全の維持又は災害の発生の防止のため必要があると認めるときは，第一種製造者に対し，当該危害予防規程を守るべきこと又はその従業者に当該危害予防規程を守らせるため必要な措置をとるべきことを命じ，又は勧告することができる．

法第26条第1項の経済産業省令で定めるところについては，冷規第35条に具体的に規定されています．

〔冷規第35条第1項〕 法第26条第1項の規程により届出をしようとする第一種製造者は，様式第20の危害予防規程届出に危害予防規程（変更のときは，変更の明細を記載した書面）を添えて，事業所の所在地を管轄する都道府県知事に提出しなければならない．

〔冷規第35条第2項〕 法第26条第1項の経済産業省令で定める事項は，次の各号に掲げる事項の細目とする．

一 法第8条第一号の経済産業省令で定める技術上の基準及び同条第二号の経済産業省令で定める技術上の基準に関すること．

二　保安管理体制及び冷凍保安責任者の行うべき職務の範囲に関すること．
三　製造設備の安全な運転及び操作に関すること．
四　製造施設の保安に係る巡視及び点検に関すること．
五　製造施設の増設に係る工事及び修理作業の管理に関すること．
六　製造施設が危険な状態となったときの措置及びその訓練方法に関すること．
七　協力会社の作業の管理に関すること．
八　従業者に対する当該危害予防規程の周知方法及び当該危害予防規程に違反した者に対する措置に関すること．
九　保安に係る記録に関すること．
十　危害予防規程の作成及び変更の手続に関すること．
十一　前各号に掲げるもののほか災害の発生の防止のために必要な事項に関すること．

　　特に，冷規第35条第2項については覚えておきましょう．

Section 32 保安検査

●保安検査
法第35条に規定されている，第一種製造者が受けなければならない定期的な検査です．

例題

次のイ，ロ，ハの記述のうち，第一種製造者について正しいものはどれか？

イ．この製造施設について，3年以内に少なくとも1回以上，都道府県知事等が行う保安検査を受けなければならない．

ロ．この事業者が専有するフルオロカーボン134aの充てん容器を盗まれたときは，遅滞なく，その旨を都道府県知事又は警察官に届けなければならない．

ハ．この製造施設にブラインを共有する認定指定設備を増設する工事は，軽微な変更の工事に該当しないので，都道府県知事の許可を受ける必要がある．

(1) イ　　　(2) ロ　　　(3) イ，ロ
(4) ロ，ハ　(5) イ，ロ，ハ

解答　(3)

解　説

イ．○　法第35条第1項および冷規第40条第2項により，正しいです．

ロ．○　法第63条第1項に，所有または占有する高圧ガス又は容器を喪失し，又は盗まれたときは遅滞なく，その旨を都道府県知事又は警察官に届け出なければならないと規定されていますので，正しいです．

ハ．×　冷規第17条第1項第四号により認定指定設備を増設する工事は軽微な変更の工事に該当しますので，誤りです．

　したがって，イ，ロが正しいので，正解は(3)です．

要点項目

保安検査

ここでは，保安検査について勉強します．

第一種製造者は，法第35条に規定されているように，都道府県知事が行う検査を定期的に受けなくてはいけません．法第26条は，以下のとおりです．

〔法第35条第1項〕　第一種製造者は，高圧ガスの爆発その他災害が発生するおそれがある製造のための施設（経済産業省令で定めるものに限る．以下「特定施設」という．）について，経済産業省令で定めるところにより，定期に，都道府県知事が行う保安検査を受けなければならない．ただし，次に掲げる場合は，この限りでない．

一　特定施設のうち経済産業省令で定めるものについて，経済産業省令で定めるところにより協会又は経済産業大臣の指定する者（以下「指定保安検査機関」という．）が行う保安検査を受け，その旨を都道府県知事に届け出た場合

二　自ら特定施設に係る保安検査を行うことができる者として経済産業大臣の認定を受けている者（以下「認定保安検査実施者」という．）が，その認定に係る特定施設について，第39条の11第2項の規定により検査の記録を都道府県知事に届け出た場合

〔法第35条第2項〕　前項の保安検査は，特定施設が第8条第一号の技術上の基準に適合しているかどうかについて行う．

〔法第35条第3項〕　協会又は指定保安検査機関は，第1項第一号の保安検査を行ったときは，遅滞なく，その結果を都道府県知事に報告しなければならない．

〔法第35条第4項〕　第1項の都道府県知事，協会又は指定保安検査機関が行う保安検査の方法は，経済産業省令で定める．

法第35条第1項の経済産業省令で定めるところについては，冷規第40条に具体的に規定されています．

〔冷規第 40 条第 1 項〕 法第 35 条第 1 項本文の経済産業省令で定めるものは，次の各号に掲げるものを除く製造施設（以下「特定施設」という．）とする．
一　ヘリウム，R21 又は R114 を冷媒ガスとする製造施設
二　製造施設のうち認定指定設備の部分
〔冷規第 40 条第 2 項〕 法第 35 条第 1 項本文の規定により，都道府県知事が行う保安検査は，3 年以内に少なくとも 1 回以上行うものとする．
〔冷規第 40 条第 3 項〕 法第 35 条第 1 項本文の規定により，前項の保安検査を受けようとする第一種製造者は，第 21 条第 2 項の規定により製造施設完成検査証の交付を受けた日又は前回の保安検査について次項の規定により保安検査証の交付を受けた日から 2 年 11 月超えない日までに，様式第 23 の保安検査申請書を事業所の所在地を管轄する都道府県知事に提出しなければならない．
〔冷規第 40 条第 4 項〕 都道府県知事は，法第 35 条第 1 項本文の保安検査において，特定施設が法第 8 条第一号の経済産業省令で定める技術上の基準に適合していると認めるときは，様式第 24 の保安検査証を交付するものとする．

　冷規第 40 条第 2 項に規定されているように，第一種製造者は都道府県知事が行う保安検査を 3 年以内に少なくとも 1 回以上受けなければなりません．

Section 33 定期自主検査

● 定期自主検査
　法第35条の2に規定されている，第一種製造者等が行わなければならない定期的な自主検査です．

例題

　次のイ，ロ，ハの記述のうち，第一種製造者が行う定期自主検査について正しいものはどれか？

イ．定期自主検査の検査記録は，電磁的方法で記録することにより作成し，保存することができるが，その記録が必要に応じ電子計算機その他の機器を用いて直ちに表示することができるようにしておかなければならない．

ロ．冷凍保安責任者に，定期自主検査の実施について監督を行わせなければならない．

ハ．定期自主検査は，この製造施設が，その位置，構造及び設備の技術上の基準（耐圧試験に係るものを除く）に適合しているかどうかについて，3年に1回行えばよい．

　　(1) イ　　　(2) イ，ロ　　　(3) イ，ハ
　　(4) ロ，ハ　(5) イ，ロ，ハ

解答 (2)

解説

イ．○　冷規第44条の2第1項及び第2項により，正しいです．

ロ．○　冷規第44条第4項により，正しいです．

ハ．×　冷規第44条第3項により，定期自主検査は**1年に1回以上**行わなければならないので，誤りです．

　したがって，イ，ロが正しいので，正解は(2)です．

要点項目

定期自主検査

ここでは，定期自主検査について勉強します．

第一種製造者等は，法第35条の2に規定されているように，定期的な自主検査を行わなくてはいけません．法第35条の2は，以下のとおりです．

〔**法第35条の2**〕 第一種製造者，第56条の7第2項の認定を受けた設備を使用する第二種製造者若しくは第二種製造者であって1日に製造する高圧ガスの容積が経済産業省令で定めるガスの種類ごとに経済産業省令で定める量（第5条第2項第二号に規定する者にあっては，1日の冷凍能力が経済産業省令で定める値）以上である者又は特定高圧ガス消費者は，製造又は消費のための施設であって経済産業省令で定めるものについて，経済産業省令で定めるところにより，定期に，保安のための自主検査を行い，その検査記録を作成し，これを保存しなければならない．

法第35条第1項の経済産業省令で定めるところについては，冷規第44条および冷規第44条の2に具体的に規定されています．

〔**冷規第44条第1項**〕 法第35条の2の1日の冷凍能力が経済産業省令で定める値は，アンモニア又はフルオロカーボン（不活性のものを除く．）を冷媒ガスとするものにあっては，20トンとする．

〔**冷規第44条第2項**〕 法第35条の2の経済産業省令で定めるものは，製造施設（第36条第2項第一号に掲げる製造施設（アンモニアを冷媒ガスとするものに限る．）であって，その製造設備の1日の冷凍能力が20トン以上50トン未満のものを除く．）とする．

〔**冷規第44条第3項**〕 法第35条の2の規定により自主検査は，第一種製造者の製造施設にあっては法第8条第一号の経済産業省令で定める技術上の基準に適合しているか，又は第二種製造者の製造施設にあっては法第12条第1項の経済産業省令で定める技術上の基準に適合しているかどうかについて，1年に1回以上行わなければならない．

〔冷規第44条第4項〕　法第35条の2の規定により，第一種製造者又は第二種製造者は，同条の自主検査を行うときは，その選任した冷凍保安責任者に当該自主検査の実施について監督を行わせなければならない．

〔冷規第44条第5項〕　法第35条の2の規定により，第一種製造者及び第二種製造者は，検査記録に次の各号に掲げる事項を記載しなければならない．

一　検査をした製造施設
二　検査をした製造施設の設備ごとの検査方法及び結果
三　検査年月日
四　検査の実施について監督を行った者の氏名

〔冷規第44条の2第1項〕　法第35条の2に規定する検査記録は，前条第5項各号に掲げる事項を電磁的方法により記録することにより作成し，保存することができる．

〔冷規第44条の2第2項〕　前項の規定による保存をする場合には，同項の検査記録が必要に応じ電子計算機その他の機器を用いて直ちに表示されることができるようにしておかなければならない．

〔冷規第44条の2第3項〕　第1項の規定による保存をする場合には，経済産業大臣が定める基準を確保するよう努めなければならない．

冷規第44条第3項に規定されているように，第一種製造者等は定期自主検査を1年に少なくとも1回以上行わなければなりません．

Section 34 冷凍保安責任者

●冷凍保安責任者

法第27条の4に規定されている，第一種製造者及び第二種製造者が選任しなければならない者で，高圧ガスの製造に係る保安に関する業務を管理します．

例題

次のイ，ロ，ハの記述のうち，第一種製造者について正しいものはどれか？

イ．定期自主検査において，冷凍保安責任者が旅行，疾病その他の事故によってその検査の実施について監督を行うことができない場合，あらかじめ選任したその代理者にその職務を行わせなければならない．

ロ．冷凍保安責任者には，所定の製造保安責任者免状の交付を受けている者で，かつ，所定の経験を有する者を選任しなければならない．

ハ．この製造施設の冷媒設備に係る切断，溶接を伴う配管の取替えの工事を行うときは，事前に都道府県知事の許可を受けなければならない．

(1) イ　　(2) ロ　　(3) イ，ロ
(4) イ，ハ　(5) イ，ロ，ハ

解答 (5)

解説

イ．○　冷規第44条第4項（153ページ→）および法第33条第1項に「あらかじめ，保安統括者，保安技術管理者，保安係員，保安主任者若しくは保安企画推進員又は冷凍保安責任者の代理者を選任し，保安統括者等が旅行，疾病その他の事故によってその職務を行うことができない場合に，その職務を代行させなければならない．」と規定されていますので，正しいです．

ロ．○　法第27条の4第1項により，正しいです．

ハ．○　法第14条第1項「第一種製造者は，製造のための施設の位置，構造若しくは設備の変更の工事をし，又は製造をする高圧ガスの種類若しくは製造の方法を変更しようとするときは，都道府県知事の許可を受けなければならない．ただし，製造のための施設の位置，構造又は設備について経済産業省令で定める軽微な変更の工事をしようとするときは，この限りでない．」の規定により，正しいです．

したがって，イ，ロ，ハが正しいので，正解は(5)です．

●軽微な変更の工事（冷規第17条第1項）

一　独立した製造設備の撤去の工事

二　製造設備の取替え（可燃性ガス及び毒性ガスを冷媒とする冷媒設備の取替えを除く）の工事（冷媒設備に係る切断，溶接を伴う工事を除く）であって，当該設備の冷凍能力の変更を伴わないもの

三　製造設備以外の製造施設に係る設備の取替え工事

四　認定指定設備の設置の工事

五　指定設備認定証が無効とならない認定指定設備に係る変更の工事

六　試験研究施設における冷凍能力の変更を伴わない変更の工事であって，経済産業大臣が軽微なものと認めたもの

要点項目

冷凍保安責任者

ここでは，冷凍保安責任者について勉強します．

冷凍保安責任者は，法第27条の4に規定されている，第一種製造者および第二種製造者が選任しなければならない者で，高圧ガスの製造に係る保安に関する業務を管理します．

〔法第27条の4第1項〕　次に掲げる者は，事業所ごとに，経済産業省令で定めるところにより，製造保安責任者免状の交付を受けている者であって，経済産業省令で定める高圧ガスの製造に関する経験を有する者のうちから，冷凍保安責任者を選任し，第32条第6項に規定する職務を行わせなければならない．
一　第一種製造者であって，第5条第1項第二号に規定する者（製造のための施設が経済産業省令で定める施設である者その他経済産業省令で定める者を除く．）
二　第二種製造者であって，第5条第2項第二号に規定する者（1日の冷凍能力が経済産業省令で定める値以下の者及び製造のための施設が経済産業省令で定める施設である者その他経済産業省令で定める者を除く．）

〔法第27条の4第2項〕　第27条の2第5項の規定は，冷凍保安責任者の選任又は解任について準用する．

〔法第32条第6項〕　冷凍保安責任者は，高圧ガスの製造に係る保安に関する業務を管理する．

冷凍保安責任者の選任等については，冷規第36条及び冷規第37条に具体的に規定されています．

〔冷規第36条第1項〕　法第27条の4第1項の規定により，同項第一号又は第二号に掲げる者（以下この条，次条及び第39条において「第一種製造者等」という．）は，次の表の上欄に掲げる製造施設の区分に応じ，製造施設ごとに，それぞれ同表の中欄に掲げる製造保安責任者免状の交付を受けている者であって，同表の下欄に掲げる高圧ガスの製造に関する経験を有す

る者のうちから，冷凍保安責任者を選任しなければならない．この場合において，二以上の製造施設が，設備の配置等からみて一体として管理されるものとして設計されたものであり，かつ，同一の計器室において制御されているときは，当該二以上の製造施設を同一の製造施設とみなし，これらの製造施設のうち冷凍能力が最大である製造施設の冷凍能力を同表の上欄に掲げる冷凍能力として，冷凍保安責任者を選任することができるものとする．

製造施設の区分	製造保安責任者免状の交付を受けている者	高圧ガスの製造に関する経験
一　1日の冷凍能力が300トン以上のもの	第1種冷凍機械責任者免状	1日の冷凍能力が100トン以上の製造施設を使用してする高圧ガスの製造に関する1年以上の経験
二　1日の冷凍能力が100トン以上300トン未満のもの	第1種冷凍機械責任者免状又は第2種冷凍機械責任者免状	1日の冷凍能力が20トン以上の製造施設を使用してする高圧ガスの製造に関する1年以上の経験
三　1日の冷凍能力が100トン未満のもの	第1種冷凍機械責任者免状，第2種冷凍機械責任者免状又は第3種冷凍機械責任者免状	1日の冷凍能力が3トン以上の製造施設を使用してする高圧ガスの製造に関する1年以上の経験

〔冷規第36条第2項〕　法第27条の4第1項第一号の経済産業省令で定める施設は，次の各号に掲げるものとする．

一　製造設備が可燃性ガス及び毒性ガス（アンモニアを除く．）以外のガスを冷媒ガスとするものである製造施設であって，次のイからチまでに掲げる要件を満たすもの

二　R114の製造設備に係る製造施設

〔冷規第36条第3項〕　法第27条の4第1項第二号に規定する冷凍保安責任者を選任する必要のない第二種製造者は，次の各号のいずれかに掲げるものとする．

一　冷凍のためガスを圧縮し，又は液化して高圧ガスの製造をする設備でその1日の冷凍能力が3トン以上（フルオロカーボン（不活性のものに限る．）にあっては20トン以上，アンモニア又はフルオロカーボン（不活性のものを除く．）にあっては，5トン以上20トン未満．）のものを使用して高圧ガスを製造する者

二　前項第一号の製造施設（アンモニアを冷媒ガスとするものに限る．）であって，その製造設備の1日の冷凍能力が20トン以上50トン未満のものを使用して高圧ガスを製造する者

〔冷規第37条〕　法第27条の4第2項において準用する法第27条の2第

5項の規定により届出をしようとする第一種製造者等は，様式第21の冷凍保安責任者届書に当該冷凍保安責任者が交付を受けた製造保安責任者免状の写しを添えて，事業所の所在地を管轄する都道府県知事に提出しなければならない．ただし，解任の場合にあっては，当該写しの添付を省略することができる．

　冷凍保安責任者の代理者の選任等については，冷規第39条に定められています．

　〔冷規第39条第1項〕　法第33条第1項の規定により，第一種製造者等は，第36条の表の左欄に掲げる製造施設の区分（認定指定設備を設置している第一種製造者等にあっては，同表の左欄各号に掲げる冷凍能力から当該認定指定設備の冷凍能力を除く．）に応じ，それぞれ同表の中欄に掲げる製造保安責任者免状の交付を受けている者であって，同表の右欄に掲げる高圧ガスの製造に関する経験を有する者のうちから，冷凍保安責任者の代理者を選任しなければならない．

　〔冷規第39条第2項〕　法第33条第3項において準用する法第27条の2第5項の規定により届出をしようとする第一種製造者等は，様式第22の冷凍保安責任者代理者届書に，当該代理者が交付を受けた製造保安責任者免状の写しを添えて，事業所の所在地を管轄する都道府県知事に提出しなければならない．ただし，解任の場合にあっては，当該写しの添付を省略することができる．

　冷凍保安責任者については，定期自主検査と関連して出題されることが多いので，Section 33と一緒に勉強しておきましょう．

●アンモニアガス漏えい対策

　高圧ガス保安協会のホームページ（http://www.khk.or.jp/）には，平成 12 年に発生した製造施設における事故は 6 件で，いずれもアンモニア冷凍施設における噴出漏えいによるものとされています．これらの事故から次のような対応が必要とされます．

(1) バルブなどは，定期的に分解整備を行い，その際にパッキンやガスケットなどの消耗品を交換します．また，アンモニアの中和処理に際しては，中和が完全に行われているか確認するため，リトマス試験紙か pH メータを用意します．

(2) 通常使用しないバルブや，見難い位置にある機器等についても，定期的に点検し，必要に応じ，消耗品等については定期交換をします．漏えい箇所を発見した際には，冷静に適切な措置が講ぜられるよう，事故例等を参照し，日ごろから保安教育や日常訓練を徹底して実施します．

(3) 安全弁の放出管から冷媒ガスが，室内に漏えいする事故がときどき発生します．除害水槽の水位の確認とともに，放出管自体の維持管理も必要です．

(4) 冷媒設備の変更工事の作業に着手する際には，工事関係者に作業計画の徹底を図るとともに，作業中も作業責任者の監視を徹底します．

(5) ドレンバルブを操作すると，バルブが低温になるため，油かすが固形化することがあります．固形化した油かすは，ドレンバルブが時間の経過とともに常温に近づくと柔らかくなり内圧で排出されることがあるので，ドレンバルブの操作後，30 分くらいしてから再確認を行います．

Section 35 指定設備

● 指定設備

法第56条の7で定められた，高圧ガスの製造を行う設備のうち，公共の安全の維持または災害の発生の防止に支障を及ぼすおそれがないものとして，政令で定める設備のことです．

例題

次のイ，ロ，ハの記述のうち，認定指定設備について正しいものはどれか？

イ．1日の冷凍能力が50トン以上である認定指定設備のみを使用して高圧ガスの製造をしようとする者は，都道府県知事の許可を受けることを要しない．

ロ．認定指定設備を使用して高圧ガスの製造を行う者が従うべき製造の方法に係る技術上の基準は定められていない．

ハ．認定指定設備に変更の工事を施したとき，またはその設備を移設したときに，認定指定設備認定証を返納しなければならない場合がある．

(1) イ　　(2) ロ　　(3) イ，ロ
(4) イ，ハ　(5) ロ，ハ

解答　(4)

解説

イ．○　法第5条第1項第二号(140ページ→)により，正しいです．

ロ．×　**法第13条に技術上の基準が規定されている**ので，誤りです．

ハ．○　法第56条の6「特定設備検査合格証の交付を受けている者は，次に掲げる場合は，遅滞なく，その特定設備検査合格証を経済産業大臣，協会又は特定設備検査機関に返納しなければならない」の規定により，正しいです．

したがって，イ，ハが正しいので，正解は(4)です．

要点項目

指定設備

　ここでは，指定設備について勉強します．

　法第56条の7では，高圧ガスの製造を行う設備のうち，公共の安全の維持または災害の発生の防止に支障を及ぼすおそれがないものとして，政令で定める設備を**指定設備**と定義しています．法第56条の7を見てみましょう．

〔**法第56条の7第1項**〕　高圧ガスの製造（製造に係る貯蔵を含む．）のための設備のうち公共の安全の維持又は災害の発生の防止に支障を及ぼすおそれがないものとして政令で定める設備（以下「指定設備」という．）の製造をする者，指定設備の輸入をした者及び外国において本邦に輸出される指定設備の製造をする者は，経済産業省令で定めるところにより，その指定設備について，経済産業大臣，協会又は経済産業大臣が指定する者（以下「指定設備認定機関」という．）が行う認定を受けることができる．

〔**法第56条の7第2項**〕　前項の指定設備の認定の申請が行われた場合において，経済産業大臣，協会又は指定設備認定機関は，当該指定設備が経済産業省令で定める技術上の基準に適合するときは，認定を行うものとする．

　法第56条の7に規定されている指定設備認定機関が認定した指定設備を認定指定設備と呼んでいます．認定指定設備を使用して高圧ガスの製造を行おうとする者は，都道府県知事の許可を必要としません．認定指定設備については，政令第15条に定められています．

〔**政令第15条**〕　法第56条の7第1項の政令で定める設備は，次のとおりとする．
一　窒素を製造するため空気を液化して高圧ガスの製造をする設備でユニット形のもののうち，経済産業大臣が定めるもの
二　冷凍のため不活性ガスを圧縮し，又は液化して高圧ガスの製造をする設備でユニット形のもののうち，経済産業大臣が定めるもの

　指定設備の認定の申請については，冷規第56条に規定されていま

す．

〔冷規第56条第1項〕　法第56条の7第1項の規定により認定を受けようとする者は，様式第41の指定設備認定申請書に次の各号に掲げる書類を添えて，経済産業大臣，協会又は指定設備認定機関（以下「指定設備認定機関等」という．）に提出しなければならない．
一　申請者の概要を記載した書類
二　認定を受けようとする設備の品名及び設計図その他当該設備の仕様を明らかにする書類
三　認定を受けようとする設備の製造及び品質管理の方法の概略を記載した書類
四　第64条に規定する試験に関する成績証明書
五　法第56条の7第2項の経済産業省令で定める技術上の基準に関する事項を記載した書類

〔冷規第56条第2項〕　指定設備認定機関等は，第1項の申請があった場合において，当該申請の内容を審査し，必要があると認めるときは，認定のための調査をすることができる．

指定設備の技術上の基準については，冷規第57条に規定されています．

〔冷規第57条〕　法第56条の7第2項の経済産業省令で定める技術上の基準は，次の各号に掲げるものとする．
一　指定設備は，当該設備の製造業者の事業所（以下この条において「事業所」という．）において，第一種製造者が設置するものにあっては第7条第2項（同条第1項第一号，第二号及び第六号を除く．），第二種製造者が設置するものにあっては第12条第2項（第7条第1項第一号，第二号及び第六号を除く．）の基準に適合することを確保するように製造されていること．
二　指定設備は，ブラインを共通に使用する以外には，他の設備と共通に使用する部分がないこと．
三　指定設備の冷媒設備は，事業所において脚上又は一つの架台上に組み立てられていること．
四　指定設備の冷媒設備は，事業所で行う第7条第1項第六号に規定する試験に合格するものであること．
五　指定設備の冷媒設備は，事業所において試運転を行い，使用場所に分割されずに搬入されるものであること．
六　指定設備の冷媒設備のうち直接風雨にさらされる部分及び外表面に結露のおそれのある部分には，銅，銅合金，ステンレス鋼その他耐腐食性材料

を使用し，又は耐腐食処理を施しているものであること．
七　指定設備の冷媒設備に係る配管，管継手及びバルブの接合は，溶接又はろう付けによること．ただし，溶接又はろう付けによることが適当でない場合は，保安上必要な強度を有するフランジ接合又はねじ接合継手による接合をもって代えることができる．
八　凝縮器が縦置き円筒形の場合は，胴部の長さが5メートル未満であること．
九　受液器は，その内容積が5 000リットル未満であること．
十　指定設備の冷媒設備には，第7条第八号の安全装置として，破裂板を使用しないこと．ただし，安全弁と破裂板を直列に使用する場合は，この限りでない．
十一　液状の冷媒ガスが充てんされ，かつ，冷媒設備の他の部分から隔離されることのある容器であって，内容積300リットル以上のものには，同一の切り換え弁に接続された二つ以上の安全弁を設けること．
十二　冷凍のための指定設備の日常の運転操作に必要となる冷媒ガスの止め弁には，手動式のものを使用しないこと．
十三　冷凍のための指定設備には，自動制御装置を設けること．
十四　容積圧縮式圧縮機には，吐出冷媒ガス温度が設定温度以上になった場合に圧縮機の運転を停止する装置が設けられていること．

　認定指定設備については，関連問題として出題されることが多いので，一通り勉強しておきましょう．

チャレンジ問題

問題22 次のイ，ロ，ハ，ニの記述のうち，正しいものはどれか．

イ．高圧ガス保安法は，高圧ガスによる災害を防止して公共の安全を確保する目的のために，民間事業者による高圧ガスの保安に関する自主的な活動を促進すべきことも定めている．

ロ．温度35度以下で圧力が0.2メガパスカルとなる液化ガスは，高圧ガスである．

ハ．常用の温度において圧力が1メガパスカル以上となる圧縮ガス（圧縮アセチレンガスを除く）であって，現にその圧力が1メガパスカル以上であるものは高圧ガスである．

(1) ロ　　(2) イ, ロ　　(3) イ, ハ
(4) ロ, ハ　　(5) イ, ロ, ハ

問題23 次のイ，ロ，ハ，ニの記述のうち，正しいものはどれか．

イ．容器に所定の刻印等および表示がされていることは，高圧ガスを容器に充てんするとき，その容器が適合していなければならない条件のひとつである．

ロ．容器に充てんすることができる液化ガスの質量は，その容器に刻印等または自主検査刻印等で示された容器の内容積に応じて計算した値以下でなければならない．

ハ．液化アンモニアを充てんする容器の外面には，そのガスの性質を示す文字として「燃」及び「毒」が明示されていなければならない．

(1) ロ　　(2) イ, ロ　　(3) イ, ハ
(4) ロ, ハ　(5) イ, ロ, ハ

問題24

[例] 冷凍のため，次に掲げる高圧ガスの製造施設を有する事業所

なお，この事業所は認定完成検査実施者及び認定保安検査実施者ではない．

製造設備の種類：定置式製造設備　1基
　　　　　　　　（一つの製造設備であって，屋内に設置してあるもの）
冷媒ガスの種類：アンモニア
冷凍設備の圧縮機：1台
1日の冷凍能力：75トン

次のイ，ロ，ハの記述のうち，この事業所に適用される技術上の基準に適合しているものはどれか．

イ．製造施設から漏えいするアンモニアが滞留するおそれのある場所に，アンモニアの漏えいを検知し，かつ，警報するための設備を設けた．

ロ．製造施設の規模が小さいので，この製造施設には消火設備を設けなかった．

ハ．圧縮機を設置した室は，アンモニアが漏えいしたとき滞留しないような構造とした．

(1) イ　　(2) ロ　　(3) ハ
(4) イ, ハ　(5) ロ, ハ

問題25

次のイ，ロ，ハの記述のうち，1日の冷凍能力が90トンの遠心式冷凍機を使用する事業所において，圧縮機の1日の冷凍能力の算定に必要な数値として正しいものはどれか．

イ．圧縮機の原動機の定格出力の数値

ロ．冷媒ガスの種類に応じて定められた数値
ハ．冷媒設備内の冷媒ガスの質量
(1) イ　　　(2) ロ　　　(3) ハ
(4) イ，ロ　(5) イ，ハ

問題26

次のイ，ロ，ハの記述のうち，第一種製造者が行う定期自主検査について正しいものはどれか．

イ．製造施設について少なくとも3年に1回行うこととされている．

ロ．選任した冷凍保安責任者に，定期自主検査の実施について監督させなければならない．

ハ．定期自主検査は，製造施設が所定の技術上の基準（耐圧試験に係るものを除く）に適合しているかどうかについて行わなければならない．

(1) イ　　　(2) イ，ロ　　(3) イ，ハ
(4) ロ，ハ　(5) イ，ロ，ハ

問題27

次のイ，ロ，ハの記述のうち，第一種製造者が行う保安検査について正しいものはどれか．

イ．高圧ガス保安協会が行う保安検査を受け，その旨を都道府県知事に届け出た場合は，都道府県知事が行う保安検査を受ける必要はない．

ロ．保安検査は，3年以内に少なくとも1回以上受けなければならない．

ハ．保安検査は，製造施設の位置，構造および設備が技術上の基準に適合しているかどうかについて行われる．

(1) ロ　　　(2) ハ　　　(3) イ，ハ
(4) ロ，ハ　(5) イ，ロ，ハ

問題28

次のイ，ロ，ハの記述のうち，第一種製造者が定める危害予防規程に記載すべき事項はどれか．

イ．製造設備の安全な運転および操作に関すること．

ロ．製造施設の保安に係る巡視および点検に関すること．

ハ．製造施設が危険な状態になったときの措置およびその訓練方法に関すること．

(1) イ　　(2) ロ　　(3) イ，ロ
(4) ロ，ハ　(5) イ，ロ，ハ

Part 6
法 令 (2)

　Part 6 では，冷凍装置に関する法令のうち，試験によく出る冷凍保安規則第7条と第9条に的を絞って解説します．すでに，Part 5 で冷凍保安規則に関連する問題をいくつか取り扱っていますが，ここでは第7条と第9条を集中的に勉強してみたいと思います．

　これで，試験合格間違いなしです．

Section 36 定置式製造設備(1)

● 定置式製造設備
118ページで説明したとおりです.

● 冷媒設備
134ページで説明したとおりです.

例題

次のイ，ロ，ハの記述のうち，第一種製造者の定置式製造設備である製造施設について正しいものはどれか．

イ．冷媒設備の気密試験を許容圧力以上で実施した．
ロ．冷媒設備のうち，配管以外の部分の耐圧試験を許容圧力の1.2倍の圧力で行った．
ハ．冷媒設備には，当該設備内の冷媒ガスの圧力が許容圧力を超えた場合に，直ちに許容圧力以下に戻すことができる安全装置を設けた．

(1) イ　　(2) ロ　　(3) イ，ロ
(4) イ，ハ　　(5) ロ，ハ

解答 (4)

解 説

イ．○　冷規第7条第1項第六号により許容圧力以上の圧力で気密試験を行うことと定められているので，正しいです．

ロ．×　冷規第7条第1項第六号で配管以外の部分については**許容圧力の1.5倍以上の圧力**で行う耐圧試験に合格するものであることと定められているので，誤りです．

ハ．○　冷規第7条第1項第八号により，正しいです．

したがって，イ，ハが正しいので，正解は(4)です．

要点項目

定置式製造設備に係る技術上の基準

　ここでは，定置式製造設備に係る技術上の基準について勉強します．冷規第7条では，定置式製造設備に係る技術上の基準について規定しています．冷規第7条を見てみましょう．冷規第7条は長いので，ここでは前半部分を掲載します．

〔冷規第7条第1項〕　製造のための施設（以下「製造施設」という．）であって，その製造設備が定置式製造設備（認定指定設備を除く．）であるものにおける法第8条第一号の経済産業省令で定める技術上の基準は，次の各号に掲げるものとする．

一　圧縮機，油分離器，凝縮器及び受液器並びにこれらの間の配管は，引火性又は発火性の物（作業に必要なものを除く．）をたい積した場所及び火気（当該製造設備内のものを除く．）の付近にないこと．ただし，当該火気に対して安全な措置を講じた場合は，この限りでない．

二　製造施設には，当該施設の外部から見やすいように警戒標を掲げること．

三　圧縮機，油分離器，凝縮器若しくは受液器又はこれらの間の配管（可燃性ガス又は毒性ガスの製造設備のものに限る．）を設置する室は，冷媒ガスが漏えいしたとき滞留しないような構造とすること．

四　製造設備は，振動，衝撃，腐食等により冷媒ガスが漏れないものであること．

五　凝縮器（縦置円筒形で胴部の長さが5メートル以上のものに限る．），受液器（内容積が5 000リットル以上のものに限る．）及び配管（経済産業大臣が定めるものに限る．）並びにこれらの支持構造物及び基礎（以下「耐震設計構造物」という．）は，耐震設計構造物の設計のための地震動（以下この号において「設計地震動」という．），設計地震動による耐震設計構造物の耐震上重要な部分に生じる応力等の計算方法（以下この号において「耐震設計構造物の応力等の計算方法」という．），耐震設計構造物の部材の耐震設計用許容応力その他の経済産業大臣が定める耐震設計の基準により，地震の影響に対して安全な構造とすること．ただし，耐震設計構造物

の応力等の計算方法については，経済産業大臣が耐震設計上適切であると認めたもの（経済産業大臣がその計算を行うに当たって十分な能力を有すると認めた者による場合に限る．）によることができる．

六　冷媒設備は，許容圧力以上の圧力で行う気密試験及び配管以外の部分について許容圧力の1.5倍以上の圧力で水その他の安全な液体を使用して行う耐圧試験（液体を使用することが困難であると認められるときは，許容圧力の1.25倍以上の圧力で空気，窒素等の気体を使用して行う耐圧試験）又は経済産業大臣がこれらと同等以上のものと認めた高圧ガス保安協会（以下「協会」という．）が行う試験に合格するものであること．

七　冷媒設備（圧縮機（当該圧縮機が強制潤滑方式であって，潤滑油圧力に対する保護装置を有するものは除く．）の油圧系統を含む．）には，圧力計を設けること．

八　冷媒設備には，当該設備内の冷媒ガスの圧力が許容圧力を超えた場合に直ちに許容圧力以下に戻すことができる安全装置を設けること．

九　前号の規定により設けた安全装置（当該冷媒設備から大気に冷媒ガスを放出することのないもの及び不活性ガスを冷媒ガスとする冷媒設備に設けたもの並びに吸収式アンモニア冷凍機（次号に定める基準に適合するものに限る．以下この条において同じ．）に設けたものを除く．）のうち安全弁又は破裂板には，放出管を設けること．この場合において，放出管の開口部の位置は，放出する冷媒ガスの性質に応じた適切な位置であること．

九の二　前号に規定する吸収式アンモニア冷凍機は，次に掲げる基準に適合するものであること．

イ　屋外に設置するものであって，アンモニア充てん量は，1台当たり25キログラム以下のものであること．

ロ　冷媒設備及び発生器の加熱装置を一つの架台上に1体に組立てたものであること．

ハ　運転中は，冷凍設備内の空気を常時吸引排気し，冷媒が漏えいした場合に危険性のない状態に拡散できる構造であること．

ニ　冷媒配管が屋内に敷設されないものであって，かつ，ブラインが直接空気又は被冷却目的物に接触しない構造のものであること．

ホ　冷媒設備の材料は，振動，衝撃，腐食等により冷媒ガスが漏れないものであること．

ヘ　冷媒設備に係る配管，管継手及びバルブの接合は，溶接により行われているものであること．ただし，溶接によることが適当でない場合は，保安上必要な強度を有するフランジ接合により行われるものであること．

ト 安全弁は，冷凍設備の内部に設けられ，かつ，その吹出し口は，吸引排気の容易な位置に設けられていること．
チ 発生器には，適切な高温遮断装置が設けられていること．
リ 発生器の加熱装置は，屋内において作動を停止できる構造であり，かつ，立ち消え等の異常時に対応できる安全装置が設けられていること．

　冷規第7条前半では定置式製造設備に関する警戒標や安全装置の基準について規定されています．特に，許容圧力や充てん量という数値は覚えておきましょう．定置式製造設備に係る技術上の基準については，頻出問題なので必ず勉強しておきましょう．

●スキューバ・ダイビング
　平成12年6月30日沖縄県宮古島の空気充てん所で破裂したスキューバ用容器と同材質のスキューバ用容器（アルミニウム6351合金製）に発見されたクラックおよび材質の異なるスキューバ用容器（アルミニウム6061合金製）に発見されたクラックが，容器の破裂に至る危険性について，経済産業省の委託を受けた高圧ガス保安協会の委員会調査報告書が，同協会のホームページに公開されています．報告書によると，事故の概要は以下の通りです．

　平成12年6月30日，沖縄県の空気充てん所で，スキューバ用アルミニウム合金A6351製容器の充てん作業直後，突然容器が破裂し，作業員1名が右足に打撲傷を負うという事故が発生した．当該容器は製造後10年6か月が経過し，直近の容器再検査は2年4か月前に行われていた．容器のねじ部の軸方向の粒界腐食から応力腐食割れへ進展し，破裂したと考えられた．その後，平成12年8月8日，東京都八丈島の

空気充てん所で，同仕様のスキューバ用 A6351 容器の充てん作業中に，容器肩部から空気が漏れる事例が発生した．こうした状況に鑑み，事故再発防止の観点から経済産業省原子力安全・保安院保安課は，各都道府県へ容器所有者，空気充てん所および容器検査所に対し，スキューバ用 A6351 容器の目視点検の指導・協力等に関する事務連絡を，平成 12 年 8 月 23 日および平成 13 年 4 月 24 日と 2 回にわたって発出し，注意喚起した．こうしたなか，沖縄県の容器検査所で平成 13 年 1 月から 5 月の間に行った容器再検査において，A6061 容器においても A6351 容器とよく似たねじ部の軸方向の割れが検出され，不合格と判定された．この A6061 容器のねじ部の割れが，事故を起した A6351 容器に見られる割れとよく似ているため，A6061 容器についても，この割れが容器の破裂につながる恐れがあるかどうかの可能性を調査することが緊急課題であるとされた．これを受け，本委員会で，A6351 容器を含めて，スキューバ用 A6061 容器のねじ部軸方向の割れ発生原因の調査，割れの進展から容器破裂の可能性の調査および保安確保のための対策検討を行うことになった．

委員会報告書では，この事故原因を以下のように推定しています．

容器に水分および塩分が浸入し，（事故後親容器の 1 本から約 75〔cc〕のドレン水が採取された）ねじ部表面に腐食が発生した．腐食は粒界腐食および腐食ピットの形態をとり，粒界腐食および腐食ピットを起点として割れが発生した．この割れは容器の内圧による応力と腐食環境併存による応力腐食割れ（Stress-Corrosion-Cracking：SCC）と推定され，割れはねじ面に垂直方向に沿って胴部方向に向けてサムネイル状に進展した．この応力腐食割れは容器内圧保持中に進展し，圧力低下に伴い停止するというサイクルを繰り返し，腐食疲労が割れの進展を加速して，大きな割れを形成し，破裂に至った．サムネイル状破壊が形成されたのは，水分および塩分という腐食環境がねじ部の割れの根元にだけ供給され，割れの内部ですき間腐食が生じたこと，および内圧による応力が肩部から胴部に向けて高くなることの相乗効果と考えられる．

ちなみに筆者は，ダイバーズ・ウォッチを愛用していますが，ダイビングはしません．

Section 37 定置式製造設備(2)

●可燃性ガス
　冷規第2条第1項第一号で，アンモニア，イソブタン，エタン，エチレン，クロルメチル，ノルマルブタン，プロパン及びプロピレンと定義されています。

●毒性ガス
　冷規第2条第1項第二号で，アンモニア及びクロルメチルと定義されています。

例題

　次のイ，ロ，ハの記述のうち，アンモニアを冷媒ガスとする第一種製造者の定置式製造設備（特に定める吸収式アンモニア冷凍機を除く）である製造施設について正しいものはどれか．

イ．受液器とその受液器に設けたガラス管液面計とを接続する配管には，自動式の止め弁以外の弁を設けてはならない．

ロ．冷媒設備に設けた安全弁の放出管の開口部の位置は，アンモニアの除害のための設備内としなければならない．

ハ．製造施設から漏えいするアンモニアが滞留するおそれのある場所に，そのガスの漏えいを検知する設備を設ければ，漏えいを警報する設備は設けなくてもよい．

(1) イ　　(2) ロ　　(3) イ，ロ
(4) イ，ハ　(5) ロ，ハ

解答 (2)

解　説

イ．×　冷規第7条第1項第十一号により，**ガラス管液面計の破損による漏えいを防止する措置を講ずる**ことと規定されており，例示基準10.2に自動式及び手動式の止め弁を設けることと定められているので，誤りです．

ロ．○　冷規第7条第1項第九号で安全弁の放出管の開口部の位置は，放出する冷媒ガスの性質に応じた適切な位置とすることと定められており，例示基準9で毒性ガスの除害のための設備内と規定されているので，正しいです．

ハ．×　冷規第7条第1項第十五号により，アンモニア・ガスの**漏えいを検知し，かつ警報するための設備を設ける**ことと規定されているので，誤りです．

したがって，ロが正しいので，正解は(2)です．

要点項目

定置式製造設備に係る技術上の基準

　ここでは，定置式製造設備に係る技術上の基準について，Section 36に引き続いて勉強します．冷規第7条では，定置式製造設備に係る技術上の基準について規定しています．冷規第7条の後半部分を掲載します．

〔冷規第7条第1項〕

十　可燃性ガス又は毒性ガスを冷媒ガスとする冷媒設備に係る受液器に設ける液面計には，丸形ガラス管液面計以外のものを使用すること．

十一　受液器にガラス管液面計を設ける場合には，当該ガラス管液面計にはその破損を防止するための措置を講じ，当該受液器（可燃性ガス又は毒性ガスを冷媒ガスとする冷媒設備に係るものに限る．）と当該ガラス管液面計とを接続する配管には，当該ガラス管液面計の破損による漏えいを防止するための措置を講ずること．

十二　可燃性ガスの製造施設には，その規模に応じて，適切な消火設備を適切な箇所にを設けること．

十三　毒性ガスを冷媒ガスとする冷媒設備に係る受液器であって，その内容積が10 000リットル以上のものの周囲には，液状の当該ガスが漏えいした場合にその流出を防止するための措置を講ずること．

十四　可燃性ガス（アンモニアを除く．）を冷媒ガスとする冷媒設備に係る電気設備は，その設置場所及び当該ガスの種類に応じた防爆性能を有する構造のものであること．

十五　可燃性ガス又は毒性ガスの製造施設には，当該施設から漏えいするガスが滞留するおそれのある場所に，当該ガスの漏えいを検知し，かつ，警報するための設備を設けること．ただし，吸収式アンモニア冷凍機に係る施設については，この限りでない．

十六　毒性ガスの製造設備には，当該ガスが漏えいしたときに安全に，かつ，速やかに除害するための措置を講ずること．ただし，吸収式アンモニア冷凍機については，この限りでない．

十七　製造設備に設けたバルブ又はコック（操作ボタン等により当該バルブ又はコックを開閉する場合にあっては，当該操作ボタン等とし，操作ボタン等を使用することなく自動制御で開閉されるバルブ又はコックを除く．以下同じ．）には，作業員が当該バルブ又はコックを適切に操作することができるような措置を講ずること．

〔冷規第7条第2項〕　製造設備が定置式製造設備であって，かつ，認定指定設備である製造施設における法第8条第一号の経済産業省令で定める技術上の基準は，前項第一号，第二号，第四号，第六号から第八号まで，第十一号（可燃性ガス又は毒性ガスを冷媒ガスとする冷凍設備に係るものを除く．）及び第十七号の基準とする．

　冷規第7条後半では定置式製造設備に関する安全措置の基準について規定されています．必要に応じて，例示基準を読んでおきましょう．定置式製造設備に係る技術上の基準については，頻出問題なので必ず勉強しておきましょう．

Section 38 製造の方法に係る技術上の基準

●安全弁
　例示基準8.1に規定されている「許容圧力以下にもどすことができる安全装置」のひとつです．

例題

　次のイ，ロ，ハの記述のうち，第一種製造者の定置式製造設備に設けた弁（自動制御により開閉されるものを除く）について正しいものはどれか．

イ．安全弁に付帯して設けた止め弁を常時閉止しておいた．

ロ．バルブの操作時には，過大な力を加えないように注意した．

ハ．安全弁の修理のために，付帯して設けた止め弁を閉止した．

(1) イ　　(2) ロ　　(3) ハ
(4) イ，ハ　(5) ロ，ハ

解答 (5)

解説

イ．×　冷規第9条第1項第一号により，安全弁に付帯して設けた止め弁は**常に全開にしておくこと**と定められているので，誤りです．

ロ．○　冷規第9条第1項第四号で規定されているので，正しいです．

ハ．○　冷規第9条第1項第一号により，安全弁に付帯して設けた止め弁は常に全開にしておきますが，安全弁の修理または清掃のために特に必要な場合は，この限りではないと規定されているので，正しいです．

　したがって，ロとハが正しいので，正解は(5)です．

要点項目

製造の方法に係る技術上の基準

　ここでは，製造の方法に係る技術上の基準について勉強します．冷規第9条では，製造の方法に係る技術上の基準について規定しています．冷規第9条を以下に掲載します．

〔冷規第9条〕　法第8条第二号の経済産業省令で定める技術上の基準は，次の各号に揚げるものとする．

一　安全弁に付帯して設けた止め弁は，常に全開しておくこと．ただし，安全弁の修理又は清掃（以下「修理等」という．）のため特に必要な場合は，この限りでない．

二　高圧ガスの製造は，製造する高圧ガスの種類及び製造設備の態様に応じ，1日に1回以上当該製造設備の属する製造施設の異常の有無を点検し，異常のあるときは，当該設備の補修その他の危険を防止する措置を講じてすること．

三　冷媒設備の修理等及びその修理等をした後の高圧ガスの製造は，次に掲げる基準により保安上支障のない状態で行うこと．

　　イ　修理等をするときは，あらかじめ，修理等の作業計画及び当該作業の責任者を定め，修理等は，当該作業計画に従い，かつ，当該責任者の監視の下に行うこと又は異常があったときに直ちにその旨を当該責任者に通報するための措置を講じて行うこと．

　　ロ　可燃性ガス又は毒性ガスを冷媒ガスとする冷媒設備の修理等をするときは，危険を防止するための措置を講ずること．

　　ハ　冷媒設備を開放して修理等をするときは，当該冷媒設備のうち開放する部分に他の部分からガスが漏えいすることを防止するための措置を講ずること．

　　ニ　修理等が終了したときは，当該冷媒設備が正常に作動することを確認した後でなければ製造をしないこと．

四　製造設備に設けたバルブを操作する場合には，バルブの材質，構造及び状態を勘案して過大な力を加えないよう必要な措置を講ずること．

冷規第9条では高圧ガス製造の方法に関する技術上の基準について具体的に規定されています．安全弁，製造設備の点検，修理に関する基準やバルブの操作方法など，頻出問題なので必ず勉強しておきましょう．

> ●冷凍事業所の事故事例
> 　高圧ガス保安協会のホームページ（http://www.khk.or.jp/）を参照すると，冷凍事業所の事故事例が年度ごとに整理されて紹介されています．その中で最も多いと思われるのは，アンモニアガスの漏えい事故です．その一例を以下に示します．
> - 除害水槽付近でのアンモニアの拡散
>   (1) 発生日時：平成16年8月5日　19：15ごろ
>   (2) 発生場所：北海道下のアンモニア冷凍事業所
>   　　　冷凍能力　296.83トン／日
>   (3) 許可年　：昭和41年
>   (4) 災害現象：漏えい等
>   (5) 取扱状態：運転中
>   (6) 事故概要：8月5日，7:30AMごろ，付近住民から消防署に「異臭」の通報があり，警察および消防が冷凍事業所に到着した．冷凍事業所は，冷凍設備のサービス会社に連絡し，冷凍設備の点検・調査を依頼した．調査の結果，除害槽からアンモニアが拡散していたため，各安全弁を点検したところ，使用していなかった処理室内に設置された低圧受液器の安全弁が作動状態のままとなっていた．このため，直ちに，当該安全弁の元バルブ（20A）を閉止した．事故原因は，いくつかの要因が重なったためであるが，大別すると次の2つの要因といえる．第1の要因は，数日の外気温の上昇により，処理室内に設置された低圧受液器内の圧力が上昇し，設定圧力を超えたために安全弁が作動したが，圧力が吹止圧力まで低下しても作動状態のままとなった．第2の要因は，鋼製の除害水槽が腐食し，穴が開いていたため，除害設備内の水が不足しアンモニアが十分に溶解されず，アンモニアが付近に拡散したためであった．
> 　事故事例を学習することによって，リスク管理がより確実なものになります．そして，事故原因を分析すると，日ごろの点検がいかに重要であるかわかるはずです．

チャレンジ問題

問題29 次のイ、ロ、ハの記述のうち、アンモニアを冷媒ガスとする第一種製造者の定置式製造設備を有する事業所に適用される技術上の基準について、正しいものはどれか。

イ．受液器の液面計に丸形ガラス管液面計以外のガラス管液面計を使用しているので、そのガラス管液面計には、その破損を防止するための措置を講ずる必要はない．

ロ．この専用機械室は、冷媒ガスが漏えいしたとき滞留しないような構造としなければならない．

ハ．冷媒設備の圧縮機は火気（その設備のものを除く）の付近に設置してはならないが、火気に関して安全な措置を講じた場合はこの限りではない．

(1) イ　　(2) ロ　　(3) イ, ハ
(4) ロ, ハ　(5) イ, ロ, ハ

問題30 次のイ、ロ、ハの記述のうち、アンモニアを冷媒ガスとする第一種製造者の定置式製造設備を有する事業所に適用される技術上の基準について正しいものはどれか。

イ．冷凍設備をアンモニアの充てん量が少ないものとしたため、アンモニアが漏えいしたときの除害のための措置は講じなかった．

ロ．冷媒設備に設けた安全弁の放出管の開口部の位置は、アンモニアの性質に応じた適切な位置とした．

ハ．この製造施設から漏えいするガスが滞留するおそれのある部分に、ガス漏えい検知設備を設置したの

で，この製造施設には消火設備は設置しなかった．

(1) イ　　　(2) ロ　　　(3) ハ
(4) イ，ロ，ハ　(5) ロ，ハ

問題31

次のイ，ロ，ハの記述のうち，フルオロカーボン冷媒134aを冷媒ガスとする第一種製造者の定置式製造設備を有する事業所に適用される技術上の基準について正しいものはどれか．

イ．冷媒設備について行う耐圧試験は，水その他の安全な液体を使用して行うことが困難であると認められる場合は，空気，窒素等の気体を使用して行うことができる．

ロ．冷媒設備を開放して修理等をするとき，冷媒ガスが不活性ガスであるので，その作業の責任者の監督の下で行えば，その作業の計画を定める必要はない．

ハ．冷媒設備には，その設備内の冷媒ガスの圧力が許容圧力を超えた場合に直ちに許容圧力以下に戻すことができる安全装置を設けなければならない．

(1) イ　　　(2) ロ　　　(3) イ，ハ
(4) ロ，ハ　(5) イ，ロ，ハ

チャレンジ問題 解答

Part 1　熱の概念

問題 1

解答 (4)

イ．○　固体壁を通過する熱量は，その壁で隔てられた両側の流体間の温度差，伝熱面積および壁の熱通過率の値によって決まりますので，正しいです．

ロ．○　熱の移動の形態には，熱伝導，熱伝達および熱放射（熱ふく射）の3種類がありますので，正しいです．

ハ．○　流体から固体壁への伝熱量は，流体の種類とその状態（気体，液体），流速に依存しますので，正しいです．

ニ．×　水冷却器または水冷凝縮器において，熱交換器における算術平均温度差 Δt_m は

$$\Delta t_m = \frac{\Delta t_1 + \Delta t_2}{2}$$

で，入口水温の温度差を Δt_1，出口水温の温度差を Δt_2 としたときです．入口水温と出口水温ではありませんので，誤りです．

したがって，イとロとハが正しいので，正解は(4)です．

問題 2

解答 (3)

イ．○　固体の高温部から低温部へ熱の移動する現象を，熱伝導というので，正しいです．

ロ．○　固体壁の表面と，それに接して流れている流体との間の伝熱作用を，熱伝達というので，正しいです．

ハ．○　熱通過率は，固体壁で隔てられた2流体間の熱の伝わりやすさを表しているので，正しいです．

ニ．×　固体壁で隔てられた2流体間を伝わる熱量は，(伝熱面積)×(温度差)×(熱通過率)で表されるので，誤りです．

したがって，イとロとハが正しいので，正解は(3)です．

問題 3

解答 (2)

イ．○　平板内を熱が移動するとき，その伝熱量は板の厚さに反比例し，平板の両側の表面温度差に正比例するので，正しいです．

ロ．×　熱伝達率の値は，流体の種類だけでなく，流速などの流れの状態にも影響されるので誤りです．

ハ．○　熱伝達率と熱通過率の単位はいずれも〔W/(m^2·K)〕なので，正しいです．

ニ．×　熱伝導率の値が小さいグラスウールやウレタンなどの材料が断熱材として使用されますので，誤りです．

したがって，イとハが正しいので，正解は(2)です．

問題 4

解答 (4)

イ．×　冷媒が液体から蒸気に，または蒸気から液体に状態変化する場合に必要とする熱を潜熱といいますので，誤りです．

ロ．○　蒸発器では，冷媒が周囲から熱を受け入れて

蒸発しますので，正しいです．

ハ．× 圧縮機で圧縮された冷媒ガスを冷却して液化させる装置は凝縮器なので，誤りです．

ニ．○ 水の蒸発潜熱は約 2 500〔kJ/kg〕なので，正しいです．

したがって，ロとニが正しいので，正解は(4)です．

Part 2 冷凍の基礎

問題 5

解答 (4)

イ．○ 蒸発器では，周囲から熱を吸収して，冷媒液が蒸発するので，正しいです．

ロ．○ 凝縮器では，周囲へ熱を放出して，冷媒ガスが液化するので，正しいです．

ハ．○ 膨張弁では，断熱膨張で外部から冷媒への熱の出入りはなく，比エンタルピーは変化しないので，正しいです．

ニ．× 圧縮機では，圧縮仕事により冷媒ガスは圧縮されて比エンタルピーが大きくなり，温度上昇するので誤りです．

したがって，イとロとハが正しいので，正解は(4)です．

問題 6

解答 (4)

イ．○ 圧縮機で冷媒蒸気に動力を加えて圧縮すると，冷媒は圧力と温度の高いガスになりますので，正しいです．

ロ．× 比エンタルピー h は，冷媒 1〔kg〕の中に含まれるエネルギーで〔kJ/kg〕の単位で表されますので，誤りです．

ハ．○　凝縮器では，冷媒は熱エネルギーを冷却水や外気に放出して，凝縮液化するので，正しいです．

ニ．○　質量 m〔kg〕，温度 t_1〔℃〕の物質が熱を吸収して温度 t_2〔℃〕になったとすれば，物質の比熱 c〔kJ/（kg·K）〕のとき，吸収した熱量 Q〔kJ〕は

$$Q = m \cdot c\,(t_2 - t_1)$$

であるので，正しいです．

　したがって，イとハとニが正しいので，正解は(4)です．

問題 7

解答 (4)

イ．×　圧縮機で冷媒蒸気を断熱圧縮すると，圧力が上昇すると同時に温度も上昇しますので，誤りです．

ロ．×　圧縮機が湿り蒸気を吸い込む場合，その温度と圧力は一定なので，これだけでは吸込み蒸気の比体積，比エンタルピーはわかりません．そのため，誤りです．

ハ．○　1〔kg〕の飽和液をすべて乾き飽和蒸気にするのに必要な熱を蒸発潜熱といいますので，正しいです．

ニ．○　冷媒液の蒸発圧力は臨界圧力より低いので，正しいです．

　したがって，ハとニが正しいので，正解は(4)です．

問題 8

解答 (1)

イ．○　膨張弁前の冷媒液の過冷却度が大きくなると，冷凍能力が大きくなるので，成績係数は大きくなります．したがって，正しいです．

ロ．○　凝縮圧力が低下すると，軸動力が小さくなるので，成績係数は大きくなります．したがって，正しいです．

ハ．×　水冷凝縮器の冷却管が汚れると，冷却管の熱通過率が小さくなり，凝縮圧力が高くなるので，成績係数は小さくなります．したがって，誤りです．

ニ．×　蒸発圧力が低下すると，冷凍能力が小さくなるので，成績係数は小さくなります．したがって，誤りです．

したがって，イとロが正しいので，正解は(1)です．

問題 9

解答 (1)

イ．○　冷凍サイクルの成績係数は，運転条件が同じでも，冷媒の種類によって比エンタルピーが異なるので成績係数は変わります．したがって，正しいです．

ロ．○　理論ヒートポンプサイクルの成績係数は，理論冷凍サイクルより1だけ大きな値となるので，正しいです．

ハ．×　実際の装置の成績係数の値は，理論冷凍サイクルの成績係数の値より小さくなるので，誤りです．

ニ．×　冷凍サイクルの成績係数は，蒸発圧力が低くなっても，あるいは凝縮圧力が高くなっても小さくなるので，誤りです．

したがって，イとロが正しいので，正解は(1)です．

Part 3 各種機器

問題 10

解答 (3)

イ．× フルオロカーボン冷媒の液は油よりも重く，装置から漏れた冷媒ガスは空気よりも重いので，誤りです．

ロ．○ 圧縮機の吐出しガス温度が高いと，潤滑油の変質，パッキン材料の損傷などの不具合が生じますので，正しいです．

ハ．○ ブラインは，一般に凍結点が0〔℃〕以下の液体で，その顕熱を利用してものを冷却する媒体のことですから，正しいです．

ニ．× アンモニアは，フルオロカーボン冷媒に比べると，圧縮機の吐出しガス温度は高いので，誤りです．

したがって，ロとハが正しいので，正解は(3)です．

問題 11

解答 (5)

イ．× 圧縮機は圧縮の方法により，容積式と遠心式に大別されますが，往復式，ロータリー式，スクロール式は容積式に分類されますので，誤りです．

ロ．× フルオロカーボン冷媒用の圧縮機では，圧縮機停止中のクランクケース内の油温が低いとき，油に冷媒が溶け込みやすくなりますので，誤りです．

ハ．○ 圧縮機からの油上がりが多くなると，凝縮器や蒸発器などの熱交換器での伝熱が悪くなり，冷凍能力が低下するので，正しいです．

ニ．○ 圧縮機が頻繁な始動と停止を繰り返すと，電

動機巻線の温度上昇を招き，焼損のおそれがあるので，正しいです．

したがって，ハとニが正しいので，正解は(5)です．

問題 12

解答 (2)

イ．○　水冷凝縮器に不凝縮ガスが混入すると，冷媒側の熱伝達が不良となって，凝縮圧力が上昇し，不凝縮ガスの分圧相当分以上に凝縮圧力が高くなりますので，正しいです．

ロ．×　空冷凝縮器では，凝縮温度は空気の乾球温度と風速が関係しますが，湿球温度には関係しないので，誤りです．

ハ．○　冷却塔の性能は，水温，水量，風量および吸込み空気の湿球温度により決まりますので，正しいです．

ニ．×　水冷凝縮器では，水あかは凝縮能力に影響し，凝縮圧力が高くなりますので，誤りです．

したがって，イとハが正しいので，正解は(2)です．

問題 13

解答 (3)

イ．×　冷凍・冷蔵用空気冷却器は，空調用冷却器よりも粗い $10 \sim 15$〔mm〕のピッチフィンの冷却管を使用しますので，誤りです．

ロ．○　シェルアンドチューブ乾式蒸発器では，インナーフィンチューブを用いることが多いので，正しいです．

ハ．○　圧力降下の大きいディストリビュータ（分配器）を用いた蒸発器には，外部均圧形温度自動膨張弁を使用するので，正しいです．

ニ．×　着霜した蒸発器から霜を取り除く散水式除霜法の散水温度は，$10 \sim 25$〔℃〕がよいので，誤

りです．
したがって，ロとハが正しいので，正解は(3)です．

問題 14

解答 (1)

イ．○ 温度自動膨張弁は，高圧の冷媒液を低圧部に絞り膨張させる機能と，冷凍負荷に応じて蒸発器への冷媒流量を調整し，冷凍装置を効率よく運転する役割をもっていますので，正しいです．

ロ．○ 蒸発圧力調整弁は蒸発器の出口配管に取り付けて，蒸発器内の冷媒の蒸発圧力が設定値以下に下がるのを防止する目的で用いますので，正しいです．

ハ．× 吸入圧力調整弁は圧縮機の吸込み配管に取り付けますが，吸込み圧力が設定値以上に上がらないように調節しますので，誤りです．

ニ．× 凝縮圧力調整弁は，空冷凝縮器の凝縮圧力が冬期に低くなり過ぎないように，凝縮器出口に取り付けますので，誤りです．

したがって，イとロが正しいので，正解は(1)です．

問題 15

解答 (3)

イ．× 高圧受液器は，冷凍装置の修理の際に，回収された液は受液器内容積の80%以内としなくてはならないので，誤りです．

ロ．○ 低圧受液器は，冷媒液強制循環式冷凍装置で使用され，液面制御，気液分離，液溜めなどの機能を持つので，正しいです．

ハ．○ 鉱油を使ったアンモニア冷凍装置では，油分離器からクランクケースへの返油は，油が劣化するので自動返油は行わず，油溜めに油を抜き取るので，正しいです．

ニ．× フルオロカーボン冷凍装置で使用される液ガス熱交換器は，凝縮器からの冷媒液と吸込み蒸気を熱交換させますが，それは冷媒液を過冷却することが目的なので，誤りです．

したがって，ロとハが正しいので，正解は(3)です．

Part 4 冷凍装置とその運用

問題 16

解答 (3)

イ．× 距離の長い配管では，温度変化による配管の伸縮を吸収する対策として配管にループなどを施工しますので，誤りです．

ロ．× アンモニア冷媒は銅管を腐食させるので，銅管は使用しません．したがって，誤りです．

ハ．○ 並列運転を行う圧縮機吐出し管には，停止している圧縮機や油分離器へ液や油が逆流しないように逆止め弁をつけますので，正しいです．

ニ．○ 吸込み立ち上がり管が長い場合は，油戻りを容易にするため，10〔m〕ごとに中間トラップを設けますので，正しいです．

したがって，ハとニが正しいので，正解は(3)です．

問題 17

解答 (4)

イ．× 安全弁の口径は圧縮機のピストン押しのけ量の平方根に正比例するので，誤りです．

ロ．○ 安全装置の保守管理として，1年以内ごとに安全弁の作動の検査を行い，検査記録を保存しなくてはなりませんので，正しいです．

ハ．○ 液配管に，液封防止のため，安全弁を取り付けるので，正しいです．

ニ．× アンモニア冷凍装置では，機械換気装置，安全弁の放出管が設けてあっても，ガス漏えい検知警報設備を設けなくてはなりませんので，誤りです．

したがって，ロとハが正しいので，正解は(4)です．

問題 18

解答 (5)

イ．× 応力とひずみの関係が直線的で正比例する限界を比例限度といいますが，引張強さは塑性領域における最大応力なので，誤りです．

ロ．○ 溶接構造用圧延鋼材 SM400B 材の最小引張強さは 400 $[N/mm^2]$ であり，許容引張応力はその 1/4 の 100 $[N/mm^2]$ なので，正しいです．

ハ．× 圧力容器が耐食処理を施してあっても腐れしろは必要なので，誤りです．

ニ．○ 薄肉円筒胴圧力容器の接線方向の応力は，内圧，内径および板厚から求められ，円筒胴の長さには無関係なので，正しいです．

したがって，ロとニが正しいので，正解は(5)です．

問題 19

解答 (3)

イ．○ 圧力容器の耐圧試験は気密試験の前に行わなければならないので，正しいです．

ロ．× 気密試験に使用するガスは，空気，窒素，ヘリウム，フルオロカーボン（不活性のもの）や二酸化炭素であり，酸素は使用しないので誤りです．

ハ．× 真空試験では，微少の漏れは発見できますが，漏れの箇所を特定するのは困難なので誤りです．

ニ．○ 冷凍機油（潤滑油）および冷媒を充てんする

ときは，水分が冷媒系統内に入らないように注意しなければならないので，正しいです．

したがって，イとニが正しいので，正解は(3)です．

問題 20

解答 (4)

イ．× 冷凍負荷が増大すると，蒸発温度が上昇しますが，膨張弁の冷媒流量は増加するので，誤りです．

ロ．○ 冷凍負荷が減少すると，圧縮機の吸込み圧力は低下するので，正しいです．

ハ．○ 冷蔵庫のユニットクーラに霜が厚く付くと，蒸発器の熱通過率が小さくなり，圧縮機の吸込み圧力は低くなるので，正しいです．

ニ．× 圧縮機の吸込み圧力が低下すると，吸込み蒸気の比体積が大きくなりますが，冷媒循環量が少なくなり，圧縮機駆動の軸動力は小さくなりますので，誤りです．

したがって，ロとハが正しいので，正解は(4)です．

問題 21

解答 (2)

イ．○ 密閉圧縮機を用いた冷凍装置の冷媒系統内に異物が混入すると，異物が電気絶縁性を悪くし，電動機の焼損の原因となることがありますので，正しいです．

ロ．× 冷媒量がかなり不足すると，蒸発圧力は低下しますが，吸込み蒸気の過熱度は大きくなりますので，誤りです．

ハ．○ 高圧受液器を持たない冷凍装置では，冷媒が過充てんされている場合凝縮圧力が高くなり，圧縮機の消費電力が増加しますので，正しいです．

ニ．× 冷凍負荷が急激に増減すると，膨張弁の制御が追従できなくなり，圧縮機に液戻りが生じますので，誤りです．

したがって，イとハが正しいので，正解は(2)です．

Part 5 法令(1)

問題 22

解答 (5)

イ．○ 高圧ガス保安法は，第1条で高圧ガスによる災害を防止して公共の安全を確保する目的のために，民間事業者による高圧ガスの保安に関する自主的な活動を促進すべきことも定めていますので，正しいです．

ロ．○ 法第2条第3号により，温度35度以下で圧力が0.2メガパスカルとなる液化ガスは，高圧ガスに該当しますので，正しいです．

ハ．○ 法第2条第1号により，常用の温度において圧力が1メガパスカル以上となる圧縮ガス（圧縮アセチレンガスを除く）であって，現にその圧力が1メガパスカル以上であるものは高圧ガスに該当しますので，正しいです．

したがって，イとロとハが正しいので，正解は(5)です．

問題 23

解答 (5)

イ．○ 法第48条第1項により，容器に所定の刻印等および表示がされていることは，高圧ガスを容器に充てんするとき，その容器が適合していなければならない条件のひとつなので，正しいです．

ロ．〇　法第48条第4項により，容器に充てんすることができる液化ガスの質量は，その容器に刻印等または自主検査刻印等で示された容器の内容積に応じて計算した値以下でなければならないので，正しいです．

ハ．〇　容規第10条第1項により，液化アンモニアを充てんする容器の外面には，そのガスの性質を示す文字として「燃」および「毒」が明示されていなければならないので，正しいです．

したがって，イとロとハが正しいので，正解は(5)です．

問題 24

解答 (4)

イ．〇　冷規第7条第1項で定められているように，製造施設から漏えいするアンモニアが滞留するおそれのある場所に，アンモニアの漏えいを検知し，かつ，警報するための設備を設けるようになっているので，正しいです．

ロ．×　冷規第7条第1項で定められているように，可燃性ガスの製造施設には消火設備を設けなければならないので，誤りです．

ハ．〇　冷規第7条第1項で定められているように，圧縮機を設置した室は，アンモニアが漏えいしたとき滞留しないような構造としなければならないので，正しいです．

したがって，イとハが正しいので，正解は(4)です．

問題 25

解答 (1)

イ．〇　冷規第5条第1項により，正しいです

ロ．×　往復動式の圧縮機の算定基準なので，誤りです．

ハ．×　冷媒ガスの質量は規程がないので，誤りです．

したがって，イが正しいので，正解は(1)です．

問題 26

解答 (4)

イ．×　冷規第44条第3項により1年に1回以上行わなければならないので，誤りです．

ロ．○　冷規第44条第4項により，正しいです．

ハ．○　冷規第44条第3項により，正しいです．

したがって，ロとハが正しいので，正解は(4)です．

問題 27

解答 (5)

イ．○　法第35条第1項第1号により，正しいです．

ロ．○　冷規第40条第2項により，正しいです．

ハ．○　冷規第43条により，正しいです．

したがって，イとロとハが正しいので，正解は(5)です．

問題 28

解答 (5)

イ．○　冷規第35条第2項第3号に定められているので，正しいです．

ロ．○　冷規第35条第2項第4号に定められているので，正しいです．

ハ．○　冷規第35条第2項第6号に定められているので，正しいです．

したがって，イとロとハが正しいので，正解は(5)です．

Part 6 法令(2)

問題 29

解答 (4)

イ．× 冷規第7条第1項第十号及び第十一号により，アンモニア製造施設では受液器の液面計に丸形ガラス管液面計以外のガラス管液面計を使用しますが，その破損を防止するための措置を講じなければならないので，誤りです．

ロ．○ 冷規第7条第1項第三号により，正しいです．

ハ．○ 冷規第7条第1項第一号により，正しいです．

したがって，ロとハが正しいので，正解は(4)です．

問題 30

解答 (2)

イ．× 冷規第7条第1項第十六号で，毒性ガスの製造設備には，当該ガスが漏えいしたときに安全に，かつ速やかに除害するための措置を講ずることと定められているので，誤りです．

ロ．○ 冷規第7条第1項第九号で規定されているように，正しいです．

ハ．× 冷規第7条第1項第十二号で，可燃ガスの製造施設には，その規模に応じ，適切な消火設備を適切な箇所に設置することと規定されているので，誤りです．

したがって，ロが正しいので，正解は(2)です．

問題 31

解答 (3)

イ．○ 例示基準5(1)に規定されているように，正しいです．

ロ．× 冷規第9条第1項第三号イで，「冷媒設備の修理等をするとき，あらかじめ，修理等の作業

計画及び当該作業の責任者を定め，修理等は，当該作業計画に従い，かつ当該責任者の監督の下に行うこと又は異常があったときは直ちにその旨を当該責任者に通報するための措置を講じて行うこと」と規定されていますので，誤りです．

ハ．○　冷規第7条第1項第8号で規定されているように，正しいです．

したがって，イとハが正しいので，正解は(3)です．

索　引

（ア　行）

R22 ……………………………… 56
圧縮応力 ………………………… 94
圧縮機 ……………………… 32, 35, 60
圧縮比 ………………………… 47, 102
圧力スイッチ …………………… 75
圧力調整弁 …………………… 73, 74
油上がり ………………………… 60
油分離器 ……………………… 76, 79
アプローチ ……………………… 67
安全弁 ………………………… 90, 180
安全率 ………………………… 93, 95
アンモニア …………………… 56, 59
一般第2条に指定される可燃性ガス
　　　　　　……………………… 123
一般第2条に指定される毒性ガス
　　　　　　……………………… 123
液ガス熱交換器 ………………… 76
液強制循環式蒸発器 …………… 70
液封 …………………………… 88, 91
液分離器 ………………………… 79
液戻り ………………………… 61, 102
SI 基本単位 ……………………… 2
SI 組立単位 ……………………… 3
SI 接頭語 ………………………… 3
オイルフォーミング ………… 59, 60
応力－ひずみ線図 ……………… 94
応力集中 ……………………… 93, 97
温度境界層 ……………………… 19

（カ　行）

温度自動膨張弁 ……………… 72, 74
外部均圧形温度自動膨張弁 …… 74
開放式冷却塔 …………………… 67
開放形圧縮機 …………………… 62
鏡板の種類 ……………………… 97
加水分解 ………………………… 57
過熱度 ………………………… 46, 73
可燃性ガス …………………… 176
過冷却度 ………………………… 46
乾き度 …………………………… 37
乾き飽和蒸気線 ……………… 37, 39
感温筒 …………………………… 72
乾式蒸発器 ……………………… 70
間接冷凍方式 …………………… 57
完全黒体 ………………………… 19
危害予防規程 ………………… 142
気密試験 …………………… 98, 100
凝縮温度 ………………………… 64
凝縮器 ……………………… 32, 35, 64, 66
鏡板 ……………………………… 93
均圧管 …………………………… 84
腐れしろ ……………………… 92, 95
クラウジウスの原理 …………… 9
クランクケースヒータ ……… 60, 62
軽微な変更の工事 …………… 155
ゲージ圧力 …………………… 36, 92
顕熱 …………………………… 12, 14
高圧ガス ……………………… 114

索　引　203

高圧ガスの移動	124	相変化	13

(タ 行)

高圧ガスの移動に係る保安上の措置等	124
高圧ガスの貯蔵	120
高圧ガスの定義	116
高圧ガス保安法の目的	116
高圧遮断装置	88, 91
国際単位系	2
混合冷媒	58

耐圧試験	98, 100
第一種ガス	122
第一種製造者	130, 132, 140
第一種保安物件	125
大気圧	36
対数平均温度差	24
第二種製造者	130, 132, 140
第二種保安物件	125
対流熱伝達	16
対流熱伝達	18
断水リレー	75
弾性限度	94
貯槽	119
貯槽により貯蔵	120
定圧比熱	9
定期自主検査	150
ディストリビュータ	68
定置式製造設備	118
デフロスト	69
伝熱面積	21
凍結点	56
毒性ガス	176
ドライヤ	79

(サ 行)

サーモスタット	68
最高充てん圧力	126
サイトグラス	107
算術平均温度差	24
散水法	71
湿球温度	64
指定設備	160
自動制御機器	74
充てん容器	118, 128
受液器	76
潤滑油	57
蒸気圧縮式冷凍装置の原理	34
状態変化	13
蒸発温度	70
蒸発器	33, 35, 68
真空計	99
真空放置試験	98, 101
ステファン・ボルツマン定数	19
ストレーナ	103
成績係数	46
絶対圧力	36
潜熱	12, 14
前面風速	66

(ナ 行)

内部均圧形温度自動膨張弁	74
熱	10
熱貫流率	23
熱交換	21
熱交換器	25
熱通過率	20, 22, 23

熱抵抗	20, 22
熱伝導	16, 18
熱伝導率	17
熱の移動	10
熱平衡状態	9
熱容量	8, 11
熱流	21
熱流量	16
熱量	8

(ハ 行)

配管のサイズ	87
破断強さ	94
破裂板	88, 91
$p-h$ 線図	36, 38
ヒートポンプ	48
ヒートポンプの成績係数	48
比エンタルピー	36
ピストン押しのけ量	61
ひずみ	94
比体積	41
引張応力	92, 94
引張強さ	94
比熱	8, 11
表面対流熱伝達率	19
表面熱伝達率	23
比例限度	94
不活性ガス	122
不凝縮ガス	106
物理量	8
ブライン	56
フラッシュガス	84
フルオロカーボン	56
フレア継手	85

プレートフィン熱交換器	66
平均温度差	26
ヘッダ	89
保安検査	146
放射	16, 18
放射率	17
膨張弁	33, 35
飽和液線	37, 39
ホットガス法	71

(マ 行)

マノメータ	99
満液式蒸発器	70
密閉形圧縮機	62
密閉式冷却塔	67
メガーチェック	107
モリエ線図	38
モントリオール議定書	58

(ヤ 行)

融解熱	13
Uトラップ	103
容器により貯蔵	121
容器の規定	127
溶栓	88, 90

(ラ 行)

リキッドフィルタ	76
流体	21
理論断熱圧縮動力	46
臨界温度	39
臨界点	37
冷却塔	65, 67
冷凍サイクル	34, 40

冷凍装置の運転停止……………… 108	冷媒液………………………………… 32
冷凍装置の不具合と原因……… 105	冷媒設備…………………………… 134
冷凍能力の算定基準……………… 136	連成計………………………………… 98
冷凍保安責任者…………………… 154	ろう付継手…………………………… 85

著者略歴……橋本　幸博（はしもと　ゆきひろ）
1955年11月15日生．
1980年3月　東京大学工学部船舶工学科卒業．同年4月　東洋熱工業㈱入社．
2001年4月　職業能力開発総合大学校建築工学科助教授．
博士（工学），1級管工事施工管理技士，給水装置工事主任技術者．
第40回空気調和・衛生工学会賞論文賞学術論文部門受賞．
日本建築学会，空気調和・衛生工学会，計測自動制御学会，日本計算工学会，ASHRAEの会員．

Ⓒ Yukihiro Hashimoto　2006

これからはじめる3種冷凍

2006年5月10日　第1版第1刷発行

著　者　橋　本　幸　博
発行者　田　中　久米四郎
発　行　所
株式会社　電　気　書　院
www.denkishoin.co.jp
振替口座　00190-5-18837
〒 101-0051
東京都千代田区神田神保町1-3 ミヤタビル2F
電話 (03)5259-9160 ／ FAX (03)5259-9162

ISBN 4-485-21100-2　C3053　　　　　　　創栄図書印刷
Printed in Japan

・万一，落丁・乱丁の際は，送料当社負担にてお取り替えいたします．
・本書の内容に関する質問は，書名を明記の上，編集部宛に書状またはFAX (03-5259-9162) にてお送りください．インターネットからのご質問の場合は，当社ホームページの「お問い合わせ」をご利用ください．本書で紹介している内容についての質問のみお受けさせていただきます．また，電話での質問はお受けできませんので，あらかじめご了承ください．

・本書の複製権は株式会社電気書院が保有します．
　JCLS ＜日本著作出版権管理システム委託出版物＞
・本書の無断複写は著作権法上での例外を除き禁じられています．複写される場合は，そのつど事前に㈳日本著作出版権管理システム（電話 03-3817-5670，FAX 03-3815-8199）の許諾を得てください．